tredition

Druck und Distribution im Auftrag der Autorin: tredition GmbH,
Heinz-Beusen-Stieg 5, 22926 Ahrensburg, Deutschland

ISBN: 9-783-3-8417354-6

Wiebke Mohr

Der Schatz

QIÉN, QIÈN, NATURALEZA,
levantando tu gran cuerpo desnudo,
como las piedras, cuando niños,
se encontrara debajo
tu secreto pequeño e infinito!

Vermöchte man doch, o Natur,
deinen großen, nackten Körper emporzuheben,
gleich Steinen in der Knabenzeit,
und fände darunter
dein kleines und unendliches Geheimnis!

Juan Ramón Jiménez [1])

---

[1] Herz, stirb oder singe, Gedichte, Zürich 1969
mit freundlicher Genehmigung des Diogenes Verlages, Zürich

Am 12. Juni 2021 war in der Bergedorfer Zeitung zu lesen: „Seltener Insektenschatz aus Lohbrügge begeistert Forscher", „die Wissenschaftler haben aus Lohbrügge einen Schatz erhalten, von dessen Existenz über Jahrzehnte nur sehr wenige Menschen wussten." [2])

Eine Sammlung alter Insekten – wer braucht das schon – so Mancher von uns hat bestimmt schon einmal solches oder ähnliches gedacht. Es gab eine Zeit mit dem Willen, diese und auch andere Sammlungen zu vernichten. Zumindest landeten Sie in dunklen Ecken oder Kellern und wurden vergessen. Angeblich wurde diese Sammlung im Keller aufgefunden, als das Thünen-Institut seinen Umzug vom Schloss Reinbek nach Lohbrügge plante. Nun ist Etwas, das im Keller steht, eigentlich abgeschrieben, wir stellen so etwas aber doch erst nochmal in den Keller, weil wir uns doch noch nicht so richtig davon trennen mögen.

Also: wer braucht das Zeugs schon?

WIR ! – rufen die Fachleute, wir möchten sie ansehen und auseinander nehmen. Vor allem die TYPEN brauchen wir. Wir wollen sehen, welche der Arten noch existieren und wo.

Die Vorstellungen, was alles in dieser Sammlung enthalten ist, Arten, Individuenzahl oder Qualitäten der Insekten dieser Sammlung waren genaugenommen nur vage und voller Vermutungen. Deutlich jedoch sind vorwiegend Käfer (Coleoptera), sowie Schmetterlinge (Lepidoptera), enthalten. Aber auch Fliegen (Diptera), Läuse, Zikaden und Wanzen und allerlei andere 6-Beiner sowie einige anders-beinige.

Die „Thünen-Sammlung" ist Eigentum des „Thünen-Institutes für Holzforschung" und wurde dem „Leibnizinstitut zur Analyse des Biodiversitätswandels Hamburg" (LIB) als Dauerleihgabe zur Erforschung zur Verfügung gestellt. Hier ist sie hinter den dicken Mauern des „Museum der Natur – Zoologie – Hamburg" oder kurz „zoologisches Museum Hamburg (ZMH)", eingelagert und steht Forschenden auf Anfrage zur Verfügung.

Wenn ich mit Fachleuten plauderte und erzählte, ich arbeite an der „Thünen"-Sammlung, kam sofort die Gegenfrage: „Ach - was sammelte der denn?". Das ist unsere heutige Zeit: hohes Spezialistentum. Man sammelt nicht mehr nur Käfer (oder Briefmarken) sondern man sammelt bestimmte Käfer (bestimmte Briefmarken), wie z.B. Laufkäfer oder Prachtkäfer (nur Briefmarken von Australien). Und da kommt gleich die Erklärungsnot: Johann Heinrich von Thünen war alles andere als ein

---

2 Christina Rückert, Leihgabe an die Uni, Bergedorfer Zeitung 12.6.2021

Insektensammler - diese Sammlung wurde gekauft!

Die Sammlung wurde 1944 durch Dr. Franz Heske – fast 100 Jahre nach dem Tod Heinrich von Thünens - für das von ihm geleitete Forstinstitut gekauft. Verkäufer war der seinerzeit wohl größte Insektenhändler der Welt, mindestens in Europa, Eugéne le Moult.

Die Objekte in der Sammlung sind zwischen 60 und 160 Jahre alt. Eine genauere Aussage über die Herkunft jedes einzelnen Käfers, Schmetterlings oder jeder Fliege lässt sich allerdings nur anhand der Beschilderung treffen.

Genau um diese Schilderchen oder Etiketten wird es in den folgenden Kapiteln gehen. Sie enthalten Informationen, die der Wissenschaftler normalerweise nur zu Vergleichen heranzieht. Bei mir lösten Sie Assoziationen an Reisen, Könige, Teppiche, geschichtliche Ereignisse, Abenteuer, Gefühle wie Grusel, Ungläubigkeit, Heiterkeit und Fernweh aus.

Seltsamerweise, ja geradezu mystisch anmutend sind nahezu alle hier aufgeführten Etiketten unter den über 63.000 Einzelobjekten nur jeweils 1 x vorhanden. Als ob eine magische Hand sie gewissermaßen als Belohnung für die mühselige Arbeit der Inventarisierung unter all den vielen Objekten versteckt hat.

Die Ordnung der Kapitel ist ein Versuch, Themen in irgendeiner Form zusammenzuführen, was jedoch nicht immer gelungen ist. Mit der Ordnung ist das nämlich so eine Sache: nach welchen Gesichtspunkten soll sortiert werden? Die Ordnung der Natur beschäftigte und beschäftigt die Wissenschaft seit eh und je.

Dies ist kein Lexikon, kein Reiseführer, kein Lehr- oder Erklärbuch – es ist ein Mitmachbuch, ein Erkundungsbuch und deshalb ein Freu-Buch! Es erwartet Sie, liebe Leserin und lieber Leser, wissenswertes, unterhaltsames und abenteuerliches aus Geographie, Geschichte, Kunst und Kultur. Es geht nicht um kleine Insektenmumien. Es geht um Diejenigen, die diese gesammelt und bestimmt haben, es geht um die Orte, an denen sie aufgefunden wurden, um die Zeit, in der sie an diesen bestimmten Orten aufgefunden wurden und auch um Ereignisse, die an diesen Orten einst stattfanden. Es geht um Sammler, Autoren, Händler, Länder, Stätten, Gegenden, Expeditionen, Abenteuer und historische Ereignisse. Auch Poesie, Mythologie und Fantasy kommen nicht zu kurz. Vermeintlich langweilige Listen können sich als wahrer Fundus an Informationen herausstellen.

Sehen Sie „hinter" die Etiketten und betrachten Sie ohne Vorurteil, freuen Sie sich an den Gedanken, die Sie spontan erreichen. Bewertungen drängen sich schnell auf, betrachten Sie die Dinge wie sie waren oder zu sein scheinen. Lassen Sie sich berühren von einem Kaleidoskop der Assoziationen, stellen Sie sich eine imaginäre Weltreise vor.

Überprüfen Sie die Aufzeichnungen und betreiben Sie eigene Forschungen, beginnen Sie dort, wo das jeweilige Kapitel endet, lassen Sie sich bloß nicht aufhalten, nehmen Sie Atlas, Globus oder eine Weltkarte zur Hand (oder deren elektronischen Varianten) und fahren Sie mit dem Finger durch die Weltgegenden, denen Sie im Buch begegnen, schöpfen Sie Informationen aus Lexika oder elektronischen Informationsquellen. Folgen Sie mir im typischen Zick-Zack-Flug der Insekten kreuz und quer durch Raum und Zeit, erkunden Sie die Welt, lassen Sie sich zum Forschen verführen, finden Sie Schönheit, Freude, Abenteuer, Unsägliches, Spannendes und Grusel.

Der Staufferkaiser Friedrich II, Enkel des großen Friedrich Barbarossa, wurde schon zu Lebzeiten als „stupor mundi" - „das Staunen der Welt" genannt –

Staunen Sie !

Vom Sammeln

Was sammeln Sie?

Wer die Taschen eines kleinen Kindes revidiert findet so manches Aufgesammelte darin, nicht mehr die Frösche früherer Generationen, doch allerlei von der Straße Aufgehobenes. Auch wir Erwachsenen können es nicht lassen, wer an einem beliebigen Tage am Strand spazieren geht, kann beobachten, wie Jedermann und Jedefrau sich hin und wieder bückt – wirklich Jeder! Ich kenne Niemanden, der nicht irgendetwas sammelt: Muscheln, Kronkorken, Elefanten, Briefmarken, Autos, Gemälde, usf.

Sammeln gehört in unser Leben wie lachen, lieben, Sport treiben, lernen, spielen. Wir sammeln aus Freude, aus Wissendurst, aus Gründen des Ansehens, weil wir Langeweile haben, zu viel Platz - wie auch immer. Der Mensch ist in der Lage, jedem seines Tuns einen Sinn zu geben. Ein Briefmarkensammler sagte einmal zu mir, Briefmarken sind die Gemälde des kleinen Mannes.

Ebenso auch das Horten des Aufgesammelten. Diese sortieren wir dann nach Farben, Formen, irgendein System wird sich schon finden. Über die Ordnung muss sich der Sammler Gedanken machen, sie ist existentiell um Vergleiche anstellen zu können, welches Kriterium ist als entscheidendes Merkmalgeeignet? Farben, Größen, Formen, alphabetisch, nach Sammeldatum, Anzahl der Beine oder Flügel? Diese Frage beschäftigt eigentlich alle Sammler. Die Biologen haben sich da den größten Brocken herausgesucht mit ihrer „Binären Nomenklatur", nach der sie die Natur heute sortieren. Einst hat sie ein gewisser Carl von Linné ersonnen.

Irgendwann hat man dann also eine Sammlung zusammen, fein sortiert und optisch hübsch aufbereitet. Und dann zeigen wir sie stolz herum – unsere Sammlung. Wir gehen auch in einen Verein, um uns mit anderen Sammlern auszutauschen und zu fachsimpeln.

Schließlich sammeln wir im Namen der Wissenschaft. Je mehr Material desto besser lässt sich die wissenschaftliche Genauigkeit unterlegen, die These begründen oder widerlegen. Immer nur her mit den Steinen, Blättern, Samen, toten Vögeln und Käfern. Bei Spinnen und Schlangen kommt der Gruselfaktor dazu. Man muss nur den Menschen im Naturkundemuseum leise zuhören…

Zum Sammeln wird aber nicht nur Leidenschaft benötigt, auch das nötige Handwerkszeig muss her. Um eine Vorstellung von der Größe der hier gezeigten Objekte zu bekommen, nehmen Sie nur eine Stecknadel zur Hand, Insektennadeln sind lediglich ein wenig länger als normale Stecknadeln. Zur Erleichterung einer Größeneinschätzung wurde, ganz unwissenschaftlich, eine Cent-Münze, ein alltäglicher Gegenstand, in die Fotos integriert. Auch ein, ganz wissenschaftlicher, Maßstab ist gelegentlich zu finden. Für den Fall, dass die Schrift zu klein ist, werden Sie sicherlich eine Lupe heranziehen müssen, dazu schenken Sie sich eine Pinzette. Damit haben Sie dann die wichtigsten Werkzeuge eines Entomologen zusammen: Lupe, Pinzette und Insektennadel

Die Objekte der „Sammlung Thünen" wurden in einer Zeit gesammelt, in der Jedermann in die Natur ging und sich ihrer erfreute, der Mensch sah sich selbst als Teil der Natur, er war gewissermaßen auf der Erde angekommen, der Wandervogel ward erfunden, die ausgehende Romantik zeigte ihre Folgen, das Interesse an der Natur an sich war entstanden. Man sah sich nicht mehr von dieser getrennt, sondern begann zu begreifen, dass der Mensch ein Teil der Natur ist und ihren Mechanismen unterlegen wie jedes andere Lebewesen. Man begann nicht nur aus Freude zu sammeln, sondern vor allem wegen der Wissenschaft. Der sinnlich-mythische Zauber von Schmetterlingen, Käfern und Co wandelte sich zum romantischen Dekor, Jagdstimmung kam auf [3]. Es war die Zeit der Gründungen von naturwissenschaftlichen Vereinen, in denen man seine Erkenntnisse austauschte, wissenschaftlich forschte und ganz einfach auch vergnügte. Die erste entomologische Gesellschaft wurde bereits 1832 in Frankreich gegründet. Es folgte 1834 das erste Adressbuch von Entomologen. Allein in den Jahren 1860 bis 1914 wurden 88 naturwissenschaftliche Vereine in Deutschland gegründet [4]. Alle großen Namen der Naturforschergilden sind und waren in diesen Vereinen vertreten. Es war auch eine Zeit des Abenteuerlebens, der Eroberung der letzten weißen Flecken auf den Landkarten der Welt. Expedition auf Expedition startete in unbekannte Welten, neue Gefilde zu entdecken und Dimensionen des Lebens zu erkunden.

Den größten Anteil am Entstehen von Sammlungen tragen die einfachen Sammler bei. Dann sind da diejenigen begeister-

---

[3] Wiemers, Carola, Nur ein Flügelschlag, 1.4.2014 Deutschlandfunk
[4] Daum, Wissenschaftspopularisierung 2002

ten Menschen, die ihre Mußestunden neben ihrem Beruf nutzen, um wissenschaftlich über Insekten zu arbeiten. Und schließlich die Händler, die alles vermischen und zu Geld machen.

Sammlungen verbinden uns mit der Geschichte. Jeder hat den Wunsch, der Nachwelt etwas zu hinterlassen, erst wenn uns nachkommende Generationen vergessen haben, sind wir wirklich tot. Sammlungen stellen aber auch einen Schatz dar, der uns die Vergangenheit lehrt und lehren kann.

Und so ist es nur folgerichtig, diese Sammlungen auch nach dem Sammler oder Besitzer zu benennen. Als weitere Folge von Sammeln, tauschen, schenken und handeln entsteht eine Sammlung, in der dann auch Teile anderer Sammlungen enthalten sind. Auf den kleinen Schildchen sind dann Begriffe wie „col" oder „Coll" für Collection, oder „ex Museo" für „aus der Sammlung", gefolgt von dem Namen des ursprünglichen Sammlers aus dessen Bestand das kleine Objekt stammt, zu finden. Auch manchmal nur ein „ex" mit dem Namen des Sammlers. Auch lassen sich Wanderungen einzelner Objekte feststellen. In diesen selteneren Fällen finden sich 2 oder noch mehr „ex". Wer diesen Wanderungen folgt, kann unerwartete Verbindungen und ein ganzes Netzwerk aufdecken.

Händler

Gewöhnlich sammelt also ein einzelner Mensch und wenn er genug gesammelt, keine Lust mehr hat oder gar verstorben ist, wird die Sammlung verschenkt, verkauft, vererbt, manchmal weggeworfen. Erben wiederum machen dasselbe.

Üblicherweise tragen Sammlungen demnach auch den Namen des oder derjenigen, die diese zusammengesammelt haben. Wir haben es also mit e i n e m Sammler zu tun. Wenn also Jemand etwas loswerden will, kann er es fortwerfen, verschenken, oder verkaufen in der Annahme, Jemand Anderer sieht darin denselben Wert wie er selbst. Man wendet sich deshalb an einen Händler

Händler sind Menschen, die kaufen und verkaufen, damit den Warenfluss in Gang setzen und halten und dazwischen ihren Gewinn abschöpfen. Ebenfalls sind umgekehrt Insekten auch Mittel zum Gelderwerb geworden. So werden also Insekten gehandelt. Früher wie heute. Nur die Handelsplattformen haben sich geändert, heute ist das Internet die Plattform schlechthin zum Kauf oder Verkauf von Allem. Dennoch gibt es hier und da immer noch Tauschmessen, die bekannteste und größte dieser Insektentauschmessen in Europa findet 1 bis 2 x jährlich in Prag statt.

Viele dieser Händler gibt es nicht mehr, der 2. Weltkrieg hat nicht nur viele Sammlungen zerstört, sondern auch diese Handelsstrukturen. Dazu kommt die in den vergangenen Jahren sich immer rasanter entwickelnden Medien und damit Möglichkeiten.

In der Bilanz am Ende des Büchleins findet sich eine Liste der Händler, die als solche identifiziert werden konnten und durch deren Hände mindestens ein Objekt der in der Sammlung „Thünen" enthaltenen Objekte gegangen sind. Oftmals handelt es sich selbst um Sammler, die sich ihrerseits von eigenen gesammelten Beständen trennen wollten.

Von einem der größten Händler seiner Zeit, Eugéne Le Moult aus der Welt- und Lichterstadt Paris, stammt der Großteil der hier untersuchten und dokumentierten Sammlung.

Eugéne Le Moult

Name: *Drypta Crampeli*, Alluoud
Fundort: Fort-Crampel, Congo-Francaise
Sammler: Alluaud det.
Vor-Eigentümer: Coll K.
Eigentümer: **Coll de Le Moult**
Co-Type

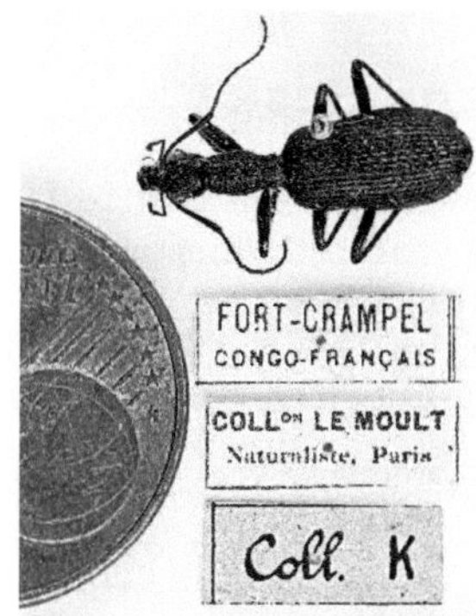
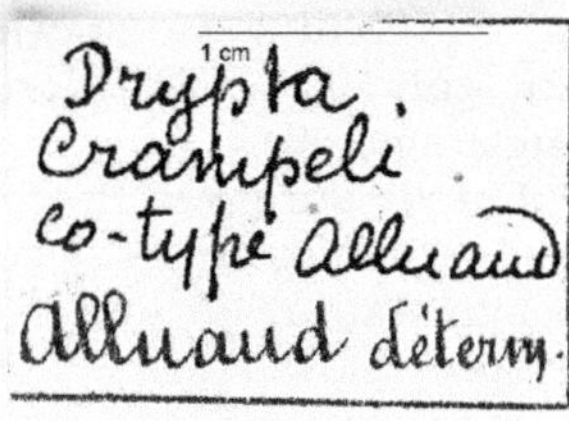

Die vorliegende Sammlung „Thünen" stammt überwiegend aus dem Bestand des französischen Naturforschers, Jäger, Sammler und Händler Eugéne Le Moult (1882-1967) 4, Rue Duméril, Paris.

Aufgewachsen in Französisch Guayana, einer französischen Strafkolonie, spezialisierte er sich früh auf die leuchtend blauen Morpho-Schmetterlinge. Er sammelte die blauen Falter wahrhaft exzessiv und verkaufte sie mit großem Erfolg in das französische Mutterland in Europa.

Er galt in seiner Zeit als der größte Insektenhändler der Welt. Zugleich entwickelte sich Le Moult zum weltweit anerkannten Spezialisten für Morpho-Schmetterlinge. So verfasste er zusammen mit Pierre Réaleine eine Überarbeitung des Taxons „Les Morpho d´ Ameriquew du Sud et Centrale", Paris 1962-1963.

Das berühmteste Portrait von ihm stilisiert ihn ganz bewusst im Stil eines Heiligenbildes mit dem Schmetterlingsnetz als Heiligenschein drapiert.

Sein Schmetterlingsexport war Anfang des 20. Jahrhunderts neben den Ausfuhren an Tropenhölzern und Gold der drittgrößte Exportschlager Französisch Guayanas. Zu seinen Kunden gehörten die großen Museen in Europa und Amerika wie auch Privatsammler, so auch der japanische Kaiser Hirohito und der Sohn des russischen Ministerpräsidenten Chruschtschow.

Seine Sammlung Morphofalter galt als die viertgrößte der Welt. Allein seine Schmetterlingssammlung soll nach seinem Tod auf eine Million Exemplare geschätzt worden sein.

Franz Heske

Franz Heske wurde 1892 in Frauenberg, Böhmen geboren und studierte Forstwissenschaft an der Universität für Bodenkultur in Wien.

Er gründete 1931 das „Institut für ausländische und koloniale Forstwirtschaft" im sächsischen Tharandt, wo er als Direktor des „Instituts für Forsteinrichtung" und als Professor für Forstwissenschaft an der Forstlichen Hochschule tätig war.

Hier ersann er auch 1932 die Zeitschrift für Weltforstwirtschaft. Mit seinen Arbeiten zu Leitlinien für die Holznutzung, den Waldbau sowie speziell für die Walderhaltung in den Tropen, gab er der Weltforstwirtschaft entscheidende Entwicklungsimpulse

Auf Weisung von Reichsforstmeister Hermann Göring wurde das Institut dann 1937 zur Reichsanstalt erklärt und 1940 als „Reichsinstitut für ausländische und koloniale Forstwirtschaft" in das Schloss nach Reinbek bei Hamburg verlegt.

1943 leitete Franz Heske am Deutschen Institut im besetzten Paris die Abteilung Forstwirtschaft und Bodenkunde. Hier dürfte er den Insektenhändler Le Moult und auch dessen Berufskollegen Deyrolle und Henri Beureau und andere mehr kennen gelernt haben.

Basierend auf dem im ausgehenden Mittelalter entstandenen Grundsatz der Nachhaltigkeit in der Forstwirtschaft übertrug Franz Heske den Gedanken der Nachhaltigkeit auch auf andere Bereiche des Lebens und entwickelte 1954 daraus die philosophische Denkrichtung der „Organik". Unter nachhaltiger Forstwirtschaft ist die Betreuung von Waldflächen auf eine Art und Weise und in einem Maße zu verstehen, als dass die Produktivität, die Bodenertragskraft, die Verjüngungsfähigkeit und Vitalität der Waldflächen nicht nur erhalten, sondern auch verbessert werden.

Ferner beleuchtet Heske in seiner Philosophie die Rolle des moralischen oder ethischen Wächters über die Ausführung wissenschaftlicher Erkenntnisse: muss man alles das machen, was aus wissenschaftlich-technischer Sicht machbar ist? Die mit der Naturwissenschaft eng verbundene Möglichkeit, durch Technik das gesellschaftliche wie auch das individuelle Leben zu beeinflussen stellt jeden Wissenschaftler in die Verantwortung für die Ergebnisse seiner Arbeit.

„Die Auffassung des Weltgeschehens nur als (mechanisches) ERGEBNIS, nicht als AUFGABE oder Weg zu einem Ziel, fördert

eher die epikuräische als eine heroische Lebensanschauung und der vorwiegenden Ansicht der Welt als Nebeneinander, nicht als Miteinander, liegt ein egozentrischer Individualismus näher, als ein dienendes Aufgehenlassen des Ich in einem übergeordnet gedachten Gefüge. Das Jetzt und Hier steht im Vordergrund, und die Atomisierung des raumzeitlichen Kontinuums fördert die Neigung, die Interessen im ich und in der Gegenwart zu konzentrieren.[..] Eine Weltanschauung, die das Leben nicht nur als Ergebnis, sondern auch als Aufgabe sieht, und den Eispanzer sprengt, den der moderne Atheismus um das unbefriedigt gebliebene Menschenherz gelegt hat, indem sie der Religion den Weg in jene Bezirke der Erlösersehnsucht freiläßt, die eine noch so machtvolle Technokratie niemals erfüllen kann und die schließlich im Leben des gewachsenen menschlichen Gesellschaftswesens die zwei unerläßlichen Voraussetzungen menschenwürdigen Daseins, nämlich Freiheit und Einordnung in einer neuen Synthese vereinigt, im Sinne der organischen „suum cuique" (Jedem das Seine) anstelle des mechanischen „Allen das Gleiche"." [5]

Damit schuf er die gedankliche Grundlage des erst in den 1990er Jahren vermehrt aufgekommenen Gedankens einer allgemeinen nachhaltigen Lebensweise und Nachhaltigkeitswissenschaft.

Bis zu seiner Emeritierung 1956 blieb Franz Heske Leiter der aus dem Reichsinstitut umgewandelten „Bundesforschungsanstalt für Forst- und Holzwirtschaft" (BFH). Von 1957 bis 1961 fungierte Franz Heske als Generalforstmeister in Äthiopien, nachdem er schon zuvor längere Zeit in den USA, Indien und der Türkei tätig war.

Das Erbe Franz Heskes besteht, die Bundesforschungsanstalt für Forstwesen wurde 2008 mit den Forschungsanstalten für Landwirtschaft und Fischereiwesen zum „Johann-Heinrich von Thünen-Institut für ländliche Räume, Wald und Fischerei" im Geschäftsbereich des Bundesministeriums für Ernährung und Landwirtshaft (BMEL) zusammengelegt.

Franz Heske kaufte diese Insektensammlung damals in dem Wunsche, Anschauungsmaterial forstwirtschaftlich relevanter Insekten als Beleg- und Studienmaterial verfügbar zu haben. Ein weiterer Grund könnte in der Vernichtung der Sammlungen des Hamburger Naturkundemuseums durch dessen Zerstörung 1943 zu suchen sein, denn es befinden sich unter der Eingangsnummer ZMH 1.1957 ca. 247.000 weitere Exemplare von Le Moult in der Sammlung des Zoologische Museums.

---

[5] Heske, Franz, Organik, Berlin 1954

Johann Heinrich von Thünen

Namengeber der Sammlung ist also der Eigentümer, das „Johann-Heinrich von Thünen-Institut für ländliche Räume, Wald und Fischerei".

Johann Heinrich von Thünen (1783-1850) hat gewiss einige Steine aufgehoben, jedoch nicht um darunter nach Käfern zu suchen. Auch ist er nicht über Wiesen und Felder gesprungen um mit einem Netz Schmetterlinge einzufangen. In seinem Nachlass wurde keine Insektensammlung gefunden.

Johann-Heinrich von Thünen war das, was wir heute als einen Sozialreformer bezeichnen. Basierend auf den Theorien des Aufklärers Adam Smiths beschäftigte ihn die Frage der Alterssicherung bäuerlich lebender Menschen, also der heutigen Landwirte. Adam Smith beschäftigte sich in seinem Werk „Der Wohlstand der Nationen" (1764) mit Fragen zur Rolle und Funktion des freien Marktes, der Bestimmung vom Wert der Arbeit, des Profites, des Lohns, produktiver und unproduktiver Arbeit, der Funktion von Arbeit und Arbeitsteilung. Letztlich auch mit der Frage von der Wirkung und der Rolle des Staates.[6]

Als Sohn des Gutsbesitzers Edo Christian von Thünen in Hooksiel brachte Johan-Heinrich von Thünen die denkbar besten Voraussetzungen dazu mit. Nach seiner Grundschulzeit in Hooksiel und Jever absolvierte er eine landwirtschaftliche Ausbildung auf verschiedenen Gütern und unter Anleitung damaliger renommierter Fachleute wie Lukas Andreas Staudinger in Groß Flottbek bei Hamburg und Albrecht Daniel Thaer in Celle. Schließlich schloss er seine Ausbildung mit 2 Semestern Landwirtschaft an der Uni Göttingen ab. 1809 erwarb er das 465 ha große Gut Tellow bei Teterow in Mecklenburg.

Ihn beschäftigten vor allem Fragen zur Bodenfruchtbarkeit und die Entstehung des Getreidepreises. In Anlehnung an die aktuellen politischen Geschehnisse – die Staatenbildung in Europa war in vollem Gange - ging er von der Annahme des landwirtschaftlichen Betriebes als eines abgeschlossenen wirtschaftlichen Gebildes, eines Staates, aus, der sich im Geflecht von Herstellungsbedingungen, landwirtschaftlicher Produktionsbedingungen und Marktgeschehen behaupten muss. Er untersuchte die Beziehungen zwischen Kapital, Einkommen und Marktpreis der Ware. Dazu führte er auf seinem Gut akribisch

---

[6] Zitelmann, Rainer, Der Kampf gegen Klimawandel gelingt nicht mit Planwirtschaft, Adams Smith zum 300. Geburtstag, 3.7.2023 Focus Online

Buch über alle Ausgaben und Einnahmen, Bodenbeschaffenheit, eingesetzter Arbeitskraft der Menschen und ihrer Maschinen. Aus seinen Erkenntnissen entwickelte er 1826 die Theorie des „Isolierten Staates", in dem er den Mindestpreis eines Agrarproduktes aus der Lagerrente (Marktpreis pro ha), den Transportkosten und fixen Produktionskosten (Löhne, Maschinen) errechnet und in dem Modell der „Thünenschen Kreise" oder „Ringe" 1842 zusammenfasste:

Im Zentrum steht dabei der Gebäudekomplex des landwirtschaftlichen Betriebes. Direkt daran liegen die Obst- und Gemüseflächen, die regelmäßige und intensive Pflege bedürfen, „Sonderkulturen" sagen wir heute dazu. Darauffolgend ein Gürtel für Nutzholz (damals notwendiges Bau- und Heizmaterial). In immer größeren Abständen folgen kreisförmig die Flächen für intensiven Ackerbau wie Kohl- und Kartoffelanbau, Milchweidewirtschaft, Getreideanbau als 3-Felder-Wirtschaft sowie am Rand die extensive Viehwirtschaft wie Almen und Heuflächen.

Thünen gilt damit als Begründer der landwirtschaftlichen Betriebslehre und darauf fußend der heutigen Raumwirtschaftstheorie, die inzwischen auch in der modernen Stadtökonomie Anwendung findet.

Bereits 33 Jahre nach von Johan Heinrich von Thünens Tod, am 15. Juni 1883, verabschiedete der Reichstag auf Initiative Otto von Bismarcks ein Gesetz zur Krankenversicherung für Arbeiter. Ihm folgte dann 1889 die Verabschiedung des Gesetzes über Alters- und Invalidenversicherung der Arbeiter. Diese Gesetze wurden später auf Angestellte erweitert und haben heute noch ihre Gültigkeit.

Die im September 1990 in Tellow gegründete „Thünengesellschaft e. V." wurde eigens zur Bewahrung, Aufarbeitung und Bekanntmachung seines Vermächtnisses geschaffen.

Vom Wert

1.725.000,- Reichsmark –

soooviel Geld wurde von Dr. Franz Heske im Jahr 1944 an den Händler Eugene le Moult via südamerikanischer Bank gezahlt, nebst Vermittlungs- und anderen Gebühren.

Das sagt erst mal nicht viel aus. Man muss sich die Kaufkraft dieses Betrages ansehen. Erst dann ist das mit unserer aktuellen Währung vergleichbar, dann wird dieser Betrag greifbar. Als Kaufkraft oder Kaufkraftäquivalent bezeichnet man denjenigen Geldbetrag, der aufgewendet werden muss für den Kauf eines alltäglichen Gegenstandes, z.B. ein Pfund Butter. Diesen Vergleich hat die Bundesbank [7]) schon für uns gemacht und veröffentlichte im Januar 2024 eine aktualisierte Tabelle namens „Kaufkraftäquivalente historischer Beträge in deutschen Währungen" dazu im Internet:

Als Umrechnungsbetrag ist für 1944 angegeben € 4,60. Das heißt: für eine Reichsmark aus dem Jahr 1944 müsste man heute € 4,60 auf die Theke legen. Daraus folgt:

1.725.000 RM entsprechen **7,935 Millionen Euro**

Käme heute Jemand auf die Idee, noch einmal soooo viele Euros für rund 63.000 tote Insekten auszugeben?

Da diese Frage bisher nicht gestellt wurde und auch nicht absehbar ist, dass sie sich stellen wird, ist es müßig darüber zu spekulieren.

Dennoch. Was mag den Käufer bewegt haben, diesen Betrag zu bezahlen? 1944, nach 5 Jahren Krieg, ohne Aussicht auf ein Ende, war viel Geld in Umlauf, es gab jedoch immer weniger dafür zu kaufen [8]). Also, warum nicht dem Fachinstitut eine schöne Sammlung kaufen, war doch ein Jahr zuvor das Zoologische Museum Hamburg ausgebrannt und damit ein Großteil der Sammlungen in Flammen aufgegangen?

Was macht denn überhaupt den Wert einer solchen Insektensammlung aus? Schönheit? Ist relativ und unwissenschaftlich. Lehrmaterial – kann man vor der Tür finden. Seltene Arten - möglich. Gelegenheit – auf jeden Fall. Und - vor allem: Typen. Als Typen werden diejenigen Exemplare bezeichnet, an denen

---

[7] www.bundesbank.de

[8] Bank für Internationalen Zahlungsausgleich, 14.Jahresbericht, Basel Ende 1944

eine Art erstmalig beschrieben wurde. Diese „Ur" Exemplare werden weltweit in Tresoren verwahrt und stellen die eigentlichen Werte der Sammlungen dar. Aktuell laufen weltweite Bemühungen, diese Exemplare aus allen Tier- und Pflanzenarten zu katalogisieren und damit der internationalen Forschergemeinschaft verfügbar zu machen.

Wenn jetzt allerdings ein böser Räuber auf die Idee käme, diese Typen im Bestreben einer gewissen Gewinnmaximierung an sich zu bringen, bekäme er oder sie auf gar keinen Fall irgendwelche sensationellen Preise am Markt, denn es gibt massenweise tote Insekten zu kaufen. Da wäre doch eher das „Grüne Gewölbe" als Objekt der Begierde zu empfehlen.

DEUTSCH-SÜDAMERIKANISCHE BANK

AKTIENGESELLSCHAFT

Abschrift !

ZWEIGNIEDERLASSUNG HAMBURG

Herrn
Prof.Dr.ing.Franz Heske,

BANCO GERMANICO

Reinbek b/Hamburg
Schloss

Fernruf:	Telegr.-Adr.:	Reichsbank-	Postsch.-Konto:
34 15 01	SUDAMERO	Girok. 2/33	Hamburg 328 59

HAMBURG 36, den   19.Juli 1944
Jungfernstieg 22
Neuer Jungfernstieg 16

Antwort erbeten an Abtl.:   Giro/Oe.

Wir empfingen Ihr wertes Schreiben vom .... und buchten:

	in Ihr Soll	Wert	in Ihr Haben
uns.dringtelegrafische Überweisung im deutsch-franz.Verrechnungsabkommen z.G. Deutsches Institut, Abt.f.Bodenkultur u.Forstwirtschaft,Paris, RM 2.080.000.--	RM-Sonderkonto Frankreich		
⅟₁₀ Verrechnungsgeb. 2.080.-- Telegrammspesen (6x 1o.-) = 6o.--			
	RM 2.082.140.- 19.7.44		

Die Zahlung erfolgt auf Grund der Genehmigungen der Reichsstelle Berl
vom 1.7.44 - I/o979/44, I/o977/44, I/o978/44, I/o976/44, XXIX/A
1ooo/198 + 199.
Die Überweisungsaufträge haben wir in der von Ihnen gewünschten
Form der Reichsbank aufgegeben.

Anlagen
Genehm.

Deutsch-Südamerikanische Bank Aktiengesellschaft
Zweigniederlassung Hamburg.

gez. zwei Unterschriften

DR.-ING. FRANZ HESKE
ord. PROFESSOR DER UNIVERSITAETEN HAMBURG UND ISTANBUL
DIREKTOR DER BUNDESANSTALT FÜR FORST- UND HOLZWIRTSCHAFT

SCHLOSS REINBEK B. HAMBURG
TELEFON : 21 39 08 / 09

ISTANBUL
BÜYÜKDERE / BAHÇEKÖY
ORMAN FAKÜLTESI

2. Juli 1953

Erklärung

Ich Unterzeichneter erkläre hiemit das Folgende:

1.) Am 19.Juli 1944 habe ich durch die Deutsch Südamerikanische Bank in Hamburg über die Reichsbank in Berlin an das Office des Changes in Paris zu Gunsten des Deutschen Institutes (Abteilung für Bodenkultur) insgesamt den Betrag von Reichsmark 2080.000 (zwei Millionen und achtzig Tausend) überwiesen.

2.) Von diesem Gesamtbetrag waren 1,725.000 Reichsmark (Eine Million siebenhundert fünfundzwanzig Tausend RM)zur Bezahlung von Ankaufsverträgen für Sammlungseinkäufe bei der Firma Le Moult ,Paris Rue Dumeril 4 bestimmt.

3.) Dieser Betrag ist seinerzeit nicht mehr ausbezahlt worden und befinde sich zur Zeit im Office des Changes Paris,blokiert.

4.) Mit Herrn Le Moult ist jetzt ein neues Abkommen über die Lieferung des Gegenwertes zu dem oben genannten Betrag entsprechend der inzwischen stattgefundenen Abwertung erfolgt.

5.) Herr Le Moult ist infolgedessen berechtigt den oben genannten Betrag gegen Vorlage der entsprechenden Rechnungen,die seinerseits den Auszahlungsvermerk tragen müssen und unsererseits die Empfangsbestätigung für die Auslieferung der Sammlungen.abzuheben.

6.) Von unserer Seite ist Herr Friedrich Leschner aus Wentorf bei Hamburg der auch seinerzeit alle Transaktionen mit Herrn Le Moult durchgeführt hat beauftragt diese hier angeführte Transaktion durchzuführen.

prof. Dr. Ing. Franz Heske

Types, Cotypes, Paratypes

Typusexemplare stellen also die eigentlichen Werte einer Sammlung dar. Sie sind der wichtigste Referenzpunkt einer Art. Deshalb besitzen sie einen hohen Wert und werden entsprechend gepflegt und verwaltet. Ihr Verlust kann zu großen Kontroversen in der Abgrenzung und Zuordnung von Arten führen. Typen dienen der Festlegung von Namen und sollen verhindern, dass für einander sehr ähnliche Organismen viele verschiedene Namen eingeführt werden. Aktuell laufen weltweit Bemühungen zur Bestandsaufnahme dieser Objekte. Sie werden mit entsprechenden Vermerken auf roten Etiketten mit dem Begriff „Type" darauf gekennzeichnet´.

Hier eine kurze Darstellung der wichtigsten Begriffe. Dies stellt jedoch keinen Ersatz für die offiziellen Definitionen des „International Code of Zoological Nomenclature" (= ICZN) dar. Grob sind zu unterscheiden:

Type

heute Holotype: ist ein Exemplar, an dem eine Art erstmalig beschrieben und namentlich bezeichnet wurde. Hinter jedem Artnamen steht der Namens-Kürzel des Autors und das Jahr der Erstbestimmung: z.B. „L. (für Linné) 1758": das heisst, von dieser Art hat der schwedische Naturforscher Carl von Linné ein Exemplar erstmalig im Jahre 1758 beschrieben und ihm seinen Namen gegeben. Dazu gehören dann immer auch veröffentlichte Unterlagen dieser Beschreibung, die in den Fachbibliotheken verwahrt werden, für Linné vermutlich an der Universität Uppsala in Schweden.

Paratype

Hier handelt es sich meist um mehrere, zusätzliche Exemplare, die zur Stabilisierung der Bestimmung eines Types hinzugezogen wurden. Es kann auch ein Ersatzexemplar sein, falls der ursprüngliche Type verloren gegangen ist.

Syntype

Heißen die einzelnen Exemplare einer Serie, die die Varianten innerhalb der Art darstellen.

Neotype

Wird ein Exemplar genannt, das durch einen Fachmann festgelegt werden kann, wenn in der Vergangenheit kein Type festgelegt wurde oder dieser verloren ging.

Daneben gibt es eine große Zahl weiterer Types, die jedoch nicht gegenstand dieses Büchkeins sein sollen.

PARATYPE
1 AU 15 MAI
19 4 £
F. d'Andrenne - ARIÈGE
Sny de Brègne
1000 m. Coll. E. LE MOULT

Abruzzi
Parc National
Fonte Difesa
1 cm
Chrysochloa
siparii Lujeau
v. Para Type
Laboissière - Dét.

Dimbroko
Côte d'Ivoire
1 cm
COMPARÉ
AU TYPE
Coll. Le Moult

Chrysochloa
punctatoauratus
s/m broscensis Nie
ab. aureo-broscensis
nov. ab. paratype
Le Moult det.

siparii Luy.
Paratype

Sternotomis
Le moulti
Det. Breuning

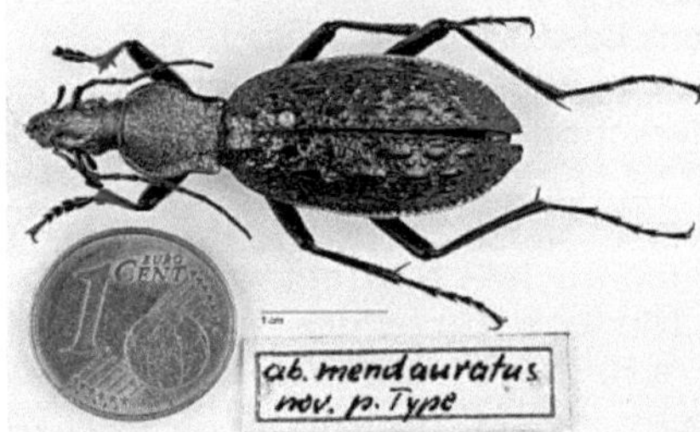
ab. mendauratus
nov. p. Type

Cotype
Elburs - Gebirge
Iran, Nord-Persien
B. v. Bodemeyer

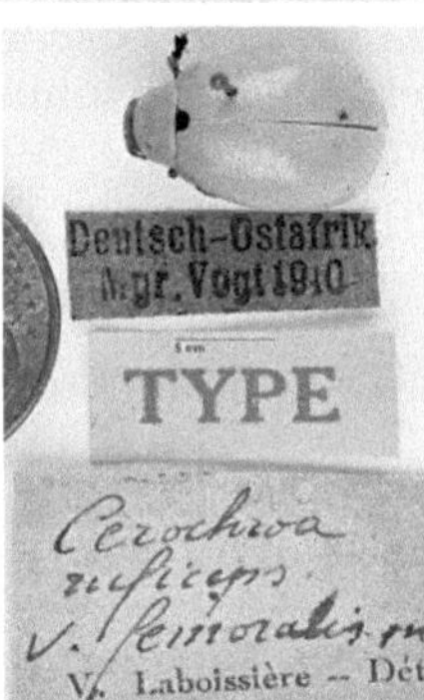
Deutsch-Ostafrik.
A.gr. Vogt 1910
5 cm
TYPE
Cerochroa
ruficeps.
v. femoralis m.
V. Laboissière -- Dét.

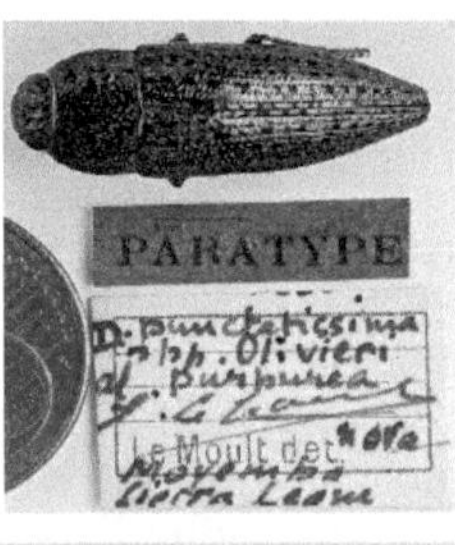
PARATYPE
D. punctatissima
ssp. olivieri
ab. purpurea
Le Moult det.
Sierra Leone

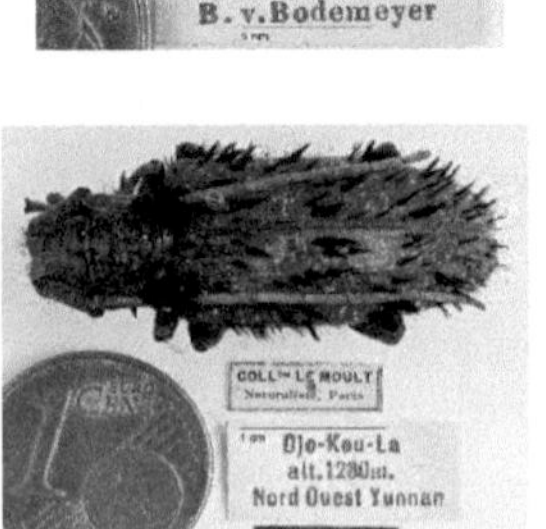
COLL. LE MOULT
Naturaliste, Paris
1 cm Dje-Keu-La
alt. 1280 m.
Nord Ouest Yunnan
PARATYPE

5 cm
type
Suberbieville

Alles begann

mit

Name: **Hister hottentota**, Er.
Sammler: G. Baboult
Funddatum: Juli 1914
Fundort: Viktoria Falls, Rhodesien
Bestimmer: H. Desbordes 1919

Donnerschlag –

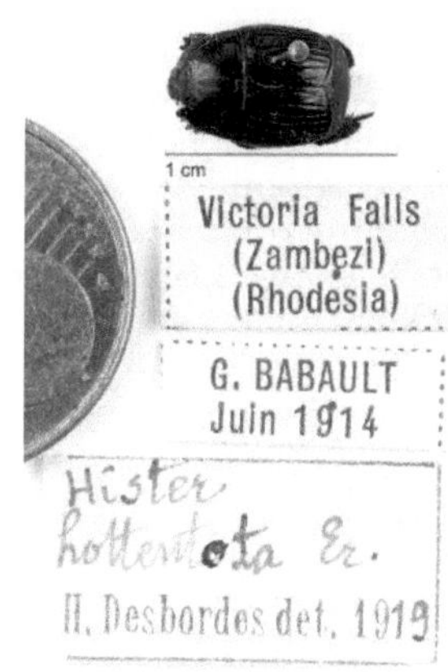

welches Wort in unserer Zeit der politischen Korrektheit!

Aber es machte neugierig und so rückten die an der kleinen Käfermumie befestigten Schilder in den Mittelpunkt. Was da nicht alles spontan einfällt: Der Käfer wurde an den Viktoria-Wasserfällen gefunden – für die Europäer entdeckt wurden diese 1855 von dem britischen Naturforscher David Livingston, der sie sogleich nicht nur für seine Königin beanspruchte und vereinnahmte, sondern sie auch nach ihr benannte. Die Wasserfälle an der Grenze zwiscen Sambia und Simbabwe haben eine Breite von 1,7 km und die Wasser des Sambesi donnern mit ohrenbetäubendem Lärm 108 m in die Tiefe. Dabei erzeugen Sie einen dichten Nebel, weshalb die Einheimischen ihn Mosi-oa-Tunya „donnernder Rauch" nennen.

Während sich bei dem Landesnamen "Rhodesien" die Großeltern an die sog. Rhodesienkrise erinnern, um die es in ihrer Kindheit ging. Heute heißt das Land Simbabwe. Das Land hatte seinen Namen erhalten, nachdem der britische Kolonialpolitiker Cecil Rhodes 1888 Schürfrechte vom Ndebele-König erwarb. 1911 wurde Nord Rhodesien abgeteilt, dem heutigen Sambia. Südrhodesien wurde 1923 eine selbstverwaltete Siedlungskolonie und erhielt später den Namen Simbabwe.

Die Suche nach dem Namen Guy René Baboult förderte die abenteuerliche Geschichte des unehelichen Sohnes des Baron Arthur de Rothschild zutage. Baboult verlebte sein ererbtes Vermögen als Entdecker, Forscher, Jäger, Abenteurer und Kaffeepflanzer im Ostafrikanischen Raum. Dieser Abenteurer hat sich also im Jahre 1914 am Viktoriafall gebückt, den kleinen Käfer aufgehoben und eingetütet.

Baboult ging als Freiwilliger nach Marokko um am dortigen Befreiungskrieg (vermutlich Rif-Krieg 1909) teilzunehmen. Dort muss er den hochdekorierten französischen Offizier und Ehrenlegionär Henri Desbordes kennen gelernt haben, mit dem er in Freundschaft verbunden blieb. Auch dieser ein Käfermensch. Er übernahm die Arbeit, die Käfer, die Baboult sammelte, zu bestimmen. Es befinden sich in der Sammlung noch weitere Käfer, die durch die Hände dieser beiden Männer gingen. In diesem Falle fand er 1919 heraus, dass es sich um den Käfer „Hister hottentota" handelt, 1834 beschrieben von dem deutschen Autor Wilhelm Ferdinand Erichson.

Erichson selbst war ein deutscher Entomologe, ausgebildet als Chirurg und Doktor der Philosophie und lebte von 1809 bis 1848. Von politischer Korrektheit wusste der noch nichts, der Begriff „Hottentotten" war in aller Munde und üblich.

„Hottentotten" ist eine von den Buren (= Bauern = niederländische Siedler in Südafrika) erstmalig verwendete Bezeichnung der Bevölkerungsgruppen im heutigen Südafrika und Namibia. Der Ausdruck soll zurück zu führen sein auf die Eigenart der hauptsächlich aus Klick- und Schnalzlauten bestehenden Sprachen der im südlichen Afrika lebenden Steppenvölker, die als „Gestotter" verstanden wurden.

Nun könnte man meinen, wir sollten den Käfer heute vielleicht besser umbenennen? Das mag bei Straßennamen gehen, aber in der Wissenschaft gäbe es ein heilloses Durcheinander, da wissenschaftliche Namen international sind. Um international das Gespräch zu finden, ist es erforderlich, dieselbe Sprache zu sprechen.

In unserem Fall müssen wir jedoch nicht lange diskutieren, der Zufall macht es ganz einfach: bereits 1811 hat ein anderer Autor, der finnische Sammler Gustav von Paykull, diese Art als „Hister africanus" beschrieben und bezeichnet – ein Synonym!

Ha, da sind wir jetzt aber fein raus!

Aber wie kann das denn nun wieder sein? Es ist nicht unnormal gewesen in den vorherigen Jahrhunderten, dass verschiedene Autoren verschiedener Länder dieselben Arten beschrieben und ihnen Namen gaben. Die Kommunikation war einfach noch nicht so vernetzt, wie wir es heute kennen. Inzwischen ist in der Wissenschaft ein regelrechter „Wettbewerb" darin entbrannt, möglichst zuerst eine neue Art zu beschreiben und zu benennen und sich damit selbst einen Namen in der Wissenschaft zu machen.

Perspektivwechsel

In der Folge wandte sich die Aufmerksamkeit und Neugier mehr und mehr den Informationen auf den kleinen Etiketten zu. Nach und nach wurde klar, dass diese Sammlung ein Zeugnis unserer Geschichte und Kultur ist, Zeitzeugen sagen die Fachleute.

Der Museumsbesucher sieht meist nur die als Publikumsmagnet hergerichteten bunten Falter und Riesenkäfer, Kuriositäten wie Hirsch- und Nashornkäfer, Vogelspinnen, Riesentausendfüßler und Laternenträger. Aber über Fundorte erfährt er oder sie kaum etwas, eher grobe Hinweise wie „aus Afrika", „innere Tropen", oder „Asien", ggf. noch Länder oder Klimazonen. Schon gar nicht wird etwas über die Menschen hinter diesen Objekten erzählt. Allenfalls wird auf einige wenige große Namen wie Carl v. Linné, Alexander v. Humboldt oder Charles Darwin hingewiesen. Vielleicht auch noch Louis-Antoine de Bougainville und Maria Sibylla Merian. Aber wer hat schon je etwas über Pater Marie, Herkulesbad, Trapezunt, und Pierre Dejean gehört?

Es waren unruhige, geschichtsträchtige Jahre, in denen die Objekte dieser Sammlung aufgesammelt wurden. Wissen war keine Geheimsache mehr, es war öffentlich und allgemein geworden. Jedermann und Jedefrau konnte sich wissenschaftlich betätigen oder zumindest sich an dem Aufgesammelten erfreuen. Es gibt daher auch Objekte in der Sammlung, die in irgendeiner Form mit Ereignissen zusammenhängen, bei deren Geschichte sich die eigene Meinung sehr in den Vordergrund drängt.

Es geht hier jedoch nicht um eine Bewertung der Orte oder der Geschehnisse dort in der Vergangenheit oder zum Zeitpunkt des Sammelns. Immerhin sind die Objekte zwischen 60 und 160 Jahre alt. Wir wissen, was sich alles währenddessen abspielte: Europa war um 1800 im Aufbruch, Napoleon führte Krieg, nahezu der ganze Kontinent zitterte vor seinem Namen. Es folgten weitere Kriege, Grenzen wurden immer wieder verschoben und neu gezogen, die Kolonialzeit in ihrem Höhepunkt und Vergehen, die Gründung des deutschen Staatenbundes. Dann zwei Weltkriege, die Zerstörung unserer Städte in Deutschland, die Gräueltaten des zweiten Weltkrieges. Manche Orte sind durch die Geschichte berühmt- oder gar berüchtigt worden. Manch ein Sammler oder Autor hat auf ganz anderen Gebieten als dem des Sammelns von Käfern Berühmtheit erlangt.

Etiketten

Etiketten in jeder Form und Größe begleiten unser Leben – auf Marmeladengläsern, Tüten, Dosen, Schachteln, in Kleidern angenäht. Sie informieren über Inhaltsstoffe, Waschanleitungen, Rezeptvorschläge, Nebenwirkungen.

Etiketten an kleinen Käfern informieren über den Namen des Käfers, den Fundort, den Finder und das Datum, wann der Finder den benannten Käfer an eben diesem Fundort aufgesammelt hat. Auch der Besitzer des Käfers wird benannt. Und ebenso Derjenige, der den Namen des Käfers erfunden hat und erstmalig in der Literatur veröffentlicht hat, den Autoren, die Autorin.

Damit sich die Forscher aller Welt unterhalten können und jeder Beteiligte eindeutig informiert ist, um welchen speziellen Käfer es sich handelt wurden „Internationale Regeln für die Zoologische Nomenklatur" = ICZN aufgestellt. Für die Botaniker gibt es diese natürlich ebenfalls: ICBN. Diese Regeln legen fest, wie Namen in der richtigen Form eingeführt werden, welcher Name gewählt wird, wenn ein Tier mehr als einen Namen erhalten hat und schließlich wie der Name in wissenschaftlichen Texten zitiert werden soll. Insgesamt weist der ICZN 18 Kapitel mit 90 Artikeln auf.

Der biologische oder wissenschaftliche Name eines Wesens setzt sich aus zwei Namen zusammen, die Wissenschaftler nennen das „Bi – nominal – Nomenklatur", erst kommt der Gattungsname, dann der Artname. In historischer Zeit war z.B. der Gattungsname griechisch und der Artname Lateinisch. Das ist wie Vor – und Nachname, nur dass der Nachname vorangestellt ist.

Bis es 1905 zum ersten Male zu einer solchen Regelung kam, gab es verschiedene Beschriftungssysteme. Als erster Versuch eines solchen internationalen Codes für die Zoologie gilt der 1843 erschienene „Strickland Code", eine Gemeinschaftsleistung des Paläontologen Hugh Edwin Strickland, Charles Darwin und Richard Owen. Hintergrund der Suche nach Beschriftungsregeln war der Usus, jedes Merkmal in den Namen aufzunehmen. So entstanden ellenlange Namen, was natürlich mühselig ist bei der Verständigung unter Fachleuten, die sich geradezu in Windeseile vermehrten - die Fachleute.

Seitdem ist es vereinbarte Selbstverpflichtung, auf den Etiketten den Namen des gefundenen Käfers, den Fundort, das

Funddatum sowie den Sammler zu vermerken. Diese Beschriftungsregeln finden sich deutlich auch in der Sammlung wieder: die Beschriftungen der Etiketten werden fast schlagartig Anfang des 20. Jahrhunderts hinsichtlich dieser Informationen vollständiger.

Außerdem ist es zur Regel geworden, dass jedes Objekt sein eigenes Etikett erhält und nicht, wie in der Historie üblich, das erste Objekt ein Schild erhält und alle anderen gleichen Objekte in einer Reihe dahinter fortlaufend haben kein Schildchen. Wenn das Objekt mit dem Schildchen entnommen und anderweitig untergebracht wird, sind die folgenden Objekte wissenschaftlich nicht mehr verwendbar.

Wenn eine der Angaben fehlt, ist das Sammelstück für die wissenschaftliche Forschung eigentlich nutzlos, allerdings ist es möglich, zwar unter Schwierigkeiten, Angaben in Schlussfolgerung aus der Literatur herausfinden, sofern mindestens ein Ort oder Sammler benannt ist oder ein Fachmann die (Hand)schrift einem Sammler zuordnen kann. Und wenn etwas nicht auf dem Schild steht, so hilft manchmal auch der Blick darunter....

Mancher Sammler war so in Eile, dass seine Schrift unleserlich ist, dann hilft meist nur noch raten, andere Sammler wiederum sind derart professionalisiert, dass sie vorgedruckte Schilder verwenden.

Wieder andere Sammler hatten wahrscheinliche gerade keinen Notizzettel zu Hand, deshalb nahmen sie eine Tageszeitung oder den Rand aus einem Buch. Auch können die Etiketten sehr klein ausfallen: das kleinste Schildchen maß gerade mal 2x3 mm. Wiederum andere Sammler benützen auch die Rückseite, also Obacht, auch mal das Etikett umdrehen! Ob und wieviel „Etikettenschwindel" dabei ist kann nur vermutet werden, ist jedoch wenig wahrscheinlich.

Abschließend sei drauf hingewiesen, dass die Wissenschaftssprache bis zu Mitte des 19. Jahrhunderts Latein war, es gibt daher immer wieder „lateinisierte" Orts- oder Namensformen.

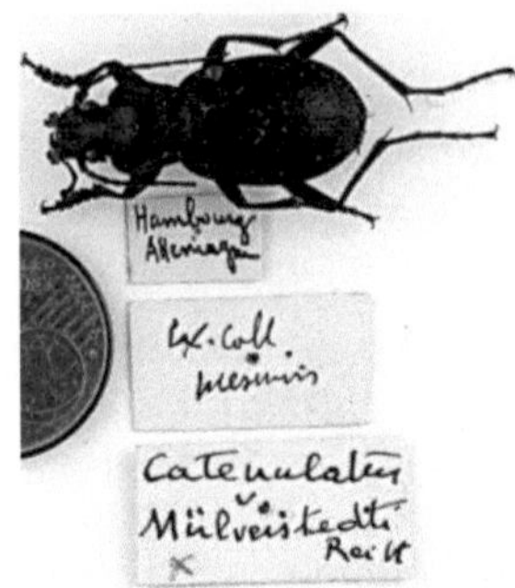

Fisimatenten

Name: *Mesocarabus catenulatus, v.Mühlveistedti*
Fundort: **Hambourg** Allemagne
Besitzer: Mesmin

Generationen hübscher Hamburger Deerns hörten die Warnung ihrer Mütter: „dat du mi abers keene Fisimatenten mokst!" wenn sie zum Einkauf das Haus verließen.

Es gibt verschiedene Erklärungen für diesen Begriff, aber der schönste scheint dieser: Napoleon hatte in ganz Europa seine Soldaten und Verwalter verteilt, insbesondere die Hansestädte standen unter seiner Beobachtung, war doch der Handel mit England verboten worden. Und so lagerten seine Grenadiere vor den Toren Hamburgs und versuchten die hübschen blonden Hamburger Deerns in ihre Zelte zu locken: *„Visitez ma tente"* lockten sie flüsternd. Dieser kleine Satz wurde von den fremdsprachlich nicht gewandten Müttern sehr schnell verschliffen und als Warnung vor Schabernack, Dummheiten und ähnlichem verwendet.

Aber schon 200 Jahre zuvor hatten Franzosen in größerer Zahl die Hansestadt erreicht und blieben. Nach der Aufhebung des Ediktes von Nantes durch Ludwig 14. kam es zu großen Fluchtbewegungen der fast zwei Millionen französischen Hugenotten Richtung Norden und Osten Europas. Als Hugenotten wurden die reformierten christlichen Anhänger Calvins (der schweizerische Berufskollege Martin Luthers) bezeichnet als "Verballhornung" des französischen Wortes „Eidgenossen" (hugenots). Sie lebten in der Region Aquitanien mit den Zentralorten Angoulême und der Hafenstadt La Rochelle. Viele von ihnen blieben dann auch in Hamburg hängen, so gibt es noch heute eine Anzahl französischer Familiennamen in Hamburg.

Beide Gruppen Franzosen brachten Ihre Gewohnheiten und Spezialitäten mit, z.B. das Croissant. Das den Hamburgern aber offenbar nicht schmeckte. Und so sahen sie sich in ihrer Speisekammer um und fanden zwei Dinge reichlich: Zucker und Zimt.

Hamburg war zwischen 1750 und 1850 das Zentrum der europäischen Zuckerraffination und des Zuckerhandels, zunächst handelte es sich um Rohrzucker aus Übersee. Infolge der napoleonischen Seeblockade gegen das British Empire von 1807-

1813 hatte sich der importierte Rohrzucker allerdings stark verteuert und die Suche nach Ersatz-Zucker war nachvollziehbar. Man kam schließlich auf die Entdeckung des Chemikers Andreas Marggraf zurück, der bereits 1747 herausfand, dass in den allgegenwärtig angebauten Rüben ebenfalls Zucker enthalten ist. Es begann der Siegeszug der Zuckersiederei.[9]

Außerdem hatten die Hamburger es auch mit dem Gewürzhandel, Zimt, Nelken, Muskatnüsse und Pfeffer wurden in Hamburg angelandet und umgeschlagen. Der Begriff „Pfeffersäcke" stammt aus dieser Zeit, gemeint ist damit der betuchte, ehrbare und anständige hanseatische Kaufmann. Sie nahmen also das Croissant, hauten es platt, reicherten es mit Zimt und Zucker an und schon war das Franzosenbrot, das „Franzbrot", in aller Munde.

Einer dieser „hugenottischen Pfeffersäcke" war der unter Sammlern bestens bekannte Name „Godeffroy".

1860 errichtete die Firma Godeffroy&Sons unter Leitung von Cesar Godeffroy aus Hamburg eine Handelsniederlassung für Kopra auf Neu Guinea und nach und nach weiter 45 Niederlassungen in der ganzen Südsee. Seine Kapitäne setzten ihre Flaggen und schwups – wars sein. Er erhielt daraufhin den Beinamen „König der Südsee". Godeffroy wies alle Kapitäne seiner Reederei und speziell eingestellte Sammler an, alles einzusammeln was an Tieren und Pflanzen „über den Weg lief". Dazu erhielten sie detaillierte Anweisungen und nötiges Material für Konservierung und Verpackung. Und so eröffnete er 1861 ein Museum in den Räumlichkeiten der Fa. J.C.Godeffroy&Sohn am Alten Wandrahm 26. Später kam eine Erweiterung im gegenüberliegenden Haus Alter Wandrahm 29 dazu. Leider waren die Gebäude 20 Jahre später vom Abriss bedroht: Hamburg hatte sich entschlossen, dem Deutschen Zollgebiet beizutreten und so wurde 1885 mit dem Abriss der Häuser begonnen um schöne neue Speicher zu bauen, die heute als UNESCO Welterbe zu bewundernde Speicherstadt.

Dass Godefroy eine der größten Naturaliensammlungen zusammenbrachte, die man je sah, freut die Hamburger Wissenschaft noch heute. Eine größere Anzahl der Ausstellungsstücke ist bis heute erhalten geblieben. So finden sich zahlreiche Stücke im „Museum der Natur-Zoologie", früher Zoologisches Museum, sowie im „Museum am Rothenbaum – Kulturen und Künste der Welt", früher Völkerkundemuseum, der Hansestadt Hamburg.

---

9 Zuckeranbau in Seelze, Zuckertafel des Heimatmuseums Seelze

Rätselhafte Kürzel

Die rätselhafteste Kiste enthält 114 kleine Käfermumien. Dabei liegen mehrere graue Karteikarten im A6-Format. Auf diesen Karteikarten ist jeweils ein Artname eingetragen sowie eine bis mehrere Spalten dieser merkwürdigen Kürzel. Aber was ist zu verstehen unter „Krö I 11 S", oder „J5 11 N", „KII a 11N"? Weder ein Datum noch ein Sammlername oder eine Ortsangabe sind zu finden. Bleiben nur Vermutungen über den Sinn dieser Box.

An der Box steht „Käfer aus dem Sachsenwald". Auf der Unterseite der Box befindet sich ein eckiger Stempel mit dem Vermerk: „Eigentum der Kämmerei der Hansestadt Hamburg". Diese Stempel wurden verwendet als die anderen Boxen der Sammlung 1937 nach Reinbek gebracht wurden und stimmt mit den Eigentumsstempeln der anderen Boxen überein. Es fehlt allerdings ein Aufkleber mit dem Inventurstempel „Reichsinstitut" der zusätzlich unter vielen anderen Boxen zu finden ist. Ergo: die Kiste wurde wohl erst nach 1945, nach Ende des Reichsinstitutes, gestempelt, also in Besitz des Instituts genommen. Das muss aber kein Rückschluss auf das Alter des Materials sein, denn Insektenboxen waren, wie Vieles in jenen Jahren, rar. Die Handschrift auf den Schildern ist modern, mit Kugelschreiber geschrieben. Es wäre eine zeitliche Eingrenzung auf die Nachkriegsjahre möglich.

Wenn es sich also nun um eine Sammlung aus der Zeit nach 1945 handelt, und das Schild an der Boxenseite stimmt, nachdem es sich um Käfer aus dem Sachsenwald handelt, müsste nun nach Hinweisen gesucht werden, welche Bedeutung diese Kürzel haben.

Also - Karte raus und zusehen, womit die Kürzel übereinstimmen. Und siehe da: „Krö" entspräche dem Ort „Kröpelin", unter „J" verbirgt sich womöglich dann der Ort Jesteburg, „K" vielleicht Kuddewörde, alle Sachsenwald. Die Kürzel S,N,W,O sind mit hoher Wahrscheinlichkeit als Himmelsrichtungen zu deuten. Der Rest?

So sind sie, die Wissenschaftler – geben der Nachwelt Rätsel auf statt uns Nachfolgenden die Forschung zu erleichtern. Ich behaupte, es handelt sich um Standorte, an denen Insektenfallen aufgestellt waren. Vielleicht für eine Hausarbeit?

Herrmann

Name: *Morphocarabus monilis*, F.
Fundort: Chaoserel, Schweiz
Sammler: **Herrmann**

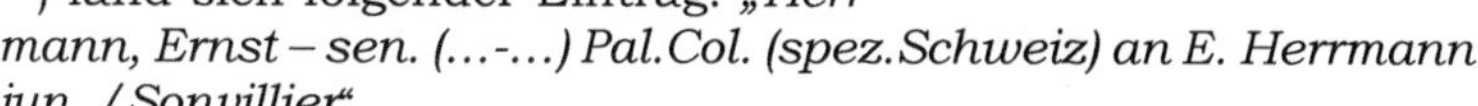

Herrmann – ein Allerweltsname. Im Nachschlagewerk von Horn-Kahle [10] fand sich folgender Eintrag: *„Herrmann, Ernst – sen. (...-...) Pal.Col. (spez.Schweiz) an E. Herrmann jun. / Sonvillier"*

Eine erste Suche darauf brachte die spannende Geschichte des Ernst Herrmann, stellvertretender Expeditionsleiter der Deutschen Antarktis-Expedition 1938/39 zutage. Was für eine Geschichte!

Aber - irgendetwas ist nicht stimmig: dieser Expeditionsleiter Ernst Herrmann wurde 1895 in Berlin geboren. Weitere Schildchen „Herrmann" tragen das Datum 1903 oder 1905 – da war dieser also noch ein Knabe. Vielleicht hatte der Knabe einen Urlaub in der Schweiz gemacht? Oder hatte dort einen Onkel, der ihm die Käfer schenkte? Nein – im öffentlich verfügbaren Lebenslauf des Antarktisforschers gibt es keinen Hinweis auf irgendwelche Kontakte, Reisen oder familiäre Verbindungen in die Schweiz. Auch ergab sich nirgendwo ein Hinweis, dass Ernst Herrmann, Antarktisforscher, Insekten, oder wenigstens nur Käfer gesammelt hat.

Die Freunde vom Naturwissenschaftlichen Verein zur Heimatforschung mussten deshalb ran – dort wurde ein Kontakt in die Schweiz hergestellt und schließlich kam folgende Liste: [11]

CODE	TYP	NAME	VORNAME	ORT	ABT	BEMERK
AHerr	leg	Herrmann	A.		a (Arachnologie)	in coll. Sacher
EHerr	coll	Herrmann	Ernst	Biel	e (Entomologie)	
Herr	det	Herrmann	Manfred	Rosdorf D	m (Malakologie)	
Herrm	leg	Herrmann	Tom	Rüttenen?	a (Arachnologie)	
JHerr	leg	Herrmann	J		e (Entomologie)	in coll. Germann
MHerr	det	Herrmann	Mike	Konstanz	e (Entomologie)	in coll. Apidae

ergänzt um einen Artikel aus dem Sonderdruck 1902 der „Insekten-Börse", Verlag von Frankenstein &Wagner, Leipzig. Es schreibt Paul Born aus Herzogenbuchsee (Schweiz): *"Diese neue, von Herrn Lehrer Herrmann in Biel in den Emmenthaler Voralpen (Hohnegg bei Röthenbach) entdeckte und in großer Zahl gesammelte violaceus-Rasse unterscheidet sich von dem nahe Verwandten violaceus Meyeri Born durch schlankere Gestalt und*

---

[10] Horn,W. & Kahle,I, Über den Verbleib entom. Sammlungen, Berlin 1935
[11] Dr. Werner Marggi und Dr. Yvonne Kranz vom Naturkundemuseum Bern sei gedankt für die freundliche Unterstützung.

fast constant blauen Rand der Flügeldecken (welch letzterer bei Meyeri mit sehr seltenen Ausnahmen lebhaft carmoisinroth ist). Sculptur der Flügeldecken und Penisform sind fast ganz diejenigen wie bei Meyeri." Paul Born, ebenfalls ein weit bekannter Entomologe und Freund des Lehrer Ernst Herrmann aus Biel.

Dennoch einige Zeilen über den anderen Ernst Herrmann, es ist einfach zu spannend: *„Die Schwabenland ist längst abfahrbereit, [..] langsam bewegt sich unser 8000-Tonnen-Schiff die Elbe abwärts. [..] wird der Kurs direkt zum Südpol genommen und bis fast 70 Grad südlicher Breite auch durchgehalten. Die Deutsche Antarktische Expedition 1938/39 ist auf dem Wege in ihr Arbeitsgebiet."* [12])

Mit diesen und weiteren Worten beginnt das Reisetagebuch des Geologen Ernst Herrmann. Ziel dieser Expedition war die Erkundung der Walfanggründe, der Topografie, Biologie, Geologie, Erdmagnetismus und Vermessung des Hinterlandes. Dazu mit an Bord zwei Lufthansa- Flugzeuge nebst Piloten.

Das Tagebuch berichtet in etwas schnodderiger Art (man kann das breite „Hamburger Platt" fast mithören) und Dialogform vom Alltag der Seeleute auf der Fahrt nach Süden, entlang der europäischen und afrikanischen Küste, tägliche Begebenheiten vermischt mit Erläuterungen über technische Errungenschaften wie das Echolot, geschichtlichen Einlassungen, „Lebensläufe von Männern und Inseln". *„Ein Biologe ist rasch zu trösten! [..] Ein fliegender Fisch springt auf das Deck, wird eingefangen und sofort „eingeweckt". [..]. Ganz besonders seltenes Tier!"*. Vermischt mit genauesten Angaben über technische Daten des Schiffes, seiner Ausstattung und Besatzung sowie Forschungstätigkeiten.

Ein zufällig gewähltes Zitat zur Veranschaulichung: *„Zu den Meerestiefen übrigens noch ein Wort! Sie sind nicht genau. Sie sind nur die Ziffer, die das Echolot im Augenblick angibt. Um die wahre Meerestiefe zu bestimmen, muß man wieder rechnen. Man muß dazu den Fehler des Instrumentes, Temperatur und Salzgehalt des Meerwassers kennen. Jede unserer 5000 Lotungen muß später auf diese Weise korrigiert werden. Eine entzückende Arbeit für den Ozeanographen! 5000 Zahlen! Eine ausgesprochene Popo-Arbeit."*.

Nach diesem Ernst Herrmann wurden die Herrmann-Berge auf der Antarktis benannt. Eine Region zwischen 10°W und 15°O der Antarktis wurde von der Expeditionsleitung „Neuschwabenland" getauft.

---

[12] Herrmann, Ernst, Deutsche Forscher im Südpolarmeer, 1941 / 2010

Ochsenheimer

Name: Lycaena jolas, O.

„O" wie Ochsenheimer

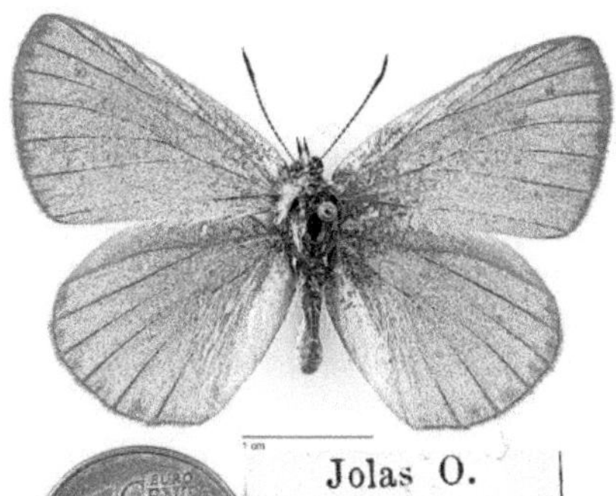

„[..] Kurze Zeit nach der früher geschilderten Scene trat die Wirthschafterin abermals ins Zimmer. »Was willst Du, Büchermotte?«
»Ich wollte Euer Gnaden nur fragen, ob Ihnen noch nicht aufge-
fallen ist, dass hier im Hause auf der Geige herumgeklimpert
wird. Der Spieler ist mein 15jähriger Neffe Hans Strauss, er ist
beim Buchbinder in der Lehre, und so oft der Meister nicht zu
Hause ist, holt er sich schnell seine Geige aus dem Versteck, um
sich zu üben. Sein Vater ist Bierwirth beim »guten Hirten« in der
kleinen Schiffgasse.«
Ochsenheimer war neugierig, dieses Talent kennen zu lernen,
und begab sich eines Sonntags in das Bierhaus zum »guten Hir-
ten« zum Vater Strauss.
»Sie haben einen Sohn«, sagte Ochsenheimer.
»Der mir Kummer macht,« sagte der Wirth, »weil sein Meister
mit ihm unzufrieden ist, der Taugenichts soll Buchbinder werden.
Ein ehrliches Handwerk ist mir lieber als ein fahrender Musi-
kant.«
»Herr! ein guter Musiker ist auch nicht zu verachten.«
»Sie sind wohl selbst so was dergleichen? «, sagte der Wirth
in sehr geringschätzendem Tone.
»Ich heisse Ochsenheimer und bin Hofschauspieler, [..] Herr!
Auch ich war in den Augen meines Vaters ein Taugenichts und
ging meinem Lehrherrn, einem Sattler, durch. Ihr Sohn wird das-
selbe thun.«
»Dann schlag ich ihm die Knochen entzwei.«
»Das wird Ihnen nichts helfen. Auch ich bekam ungeheuer viel
Prügel, bin aber doch Schauspieler geworden, so wird Ihr Sohn
auch Musiker werden.«
»Das werde ich nie zugeben.« »Sie werden es zugeben; denn
hat ihr Junge Talent, dann wird der alte Ochsenheimer sich sei-
ner annehmen und den möchte ich sehen, der mir das wehren
wird. Wo ist Ihr Sohn?"[..]
In einer kleinen Kammer mit dem Rücken gegen die Thüre
stand der junge Strauss so vertieft in sein Spiel, dass er die

Hereinkommenden gar nicht hörte. Ochsenheimer spitzte sein Ohr und lauschte. »Bravo! Ausgezeichnet!« rief er endlich.

Hans wandte sich um und erkannte ihn. Als er auch seinen Vater bemerkte, erschrak er.

»Ruhig, junger Mann!« sagte Ochsenheimer. »Ihr Vater ist einverstanden, dass Sie dem Kleister einen Fusstritt geben und Musiker werden — ich, der Ochsenheimer, will's. Begleiten Sie mich auf die Schmetterlingsjagd; ich weiss, dass auch Sie dafür schwärmen.«

»Unterwegs,« sagte Ochsenheimer zum verdutzten Vater, »will ich ihm ein paar gute Lehren geben und ihn Abends mit einem Manne bekannt machen, der ihm fürs ganze Leben nützlich sein kann.« —

Durch Ochsenheimer wurde Strauss mit Ritter von Seyfried bekannt. Dieser Mann hatte die Juristerei aufgegeben und sich der Musik gewidmet. Als er das eminente Talent des jungen Strauss erkannte, unterrichtete er ihn unentgeltlich im Violinspielen und weihte ihn in die Geheimnisse des einfachen und doppelten Contrapunktes, der Harmonielehre etc. ein.

Schon 14 Tage später sagte Seyfried zu Ochsenheimer: »Der junge Strauss wird nicht nur ein tüchtiger Geiger, sondern auch ein sattelfester Contrapunktist werden.«

Ochsenheimer legte den Grund zur nachmaligen Berühmtheit des Joh. Strauss, dessen herrliche Melodien nicht nur in ganz Europa erklangen, sondern auch jenseits des Oceans.

Nachdem Strauss ungefähr ein Jahr Seyfrieds Unterricht genossen hatte sagte er der Buchbinderei Lebewohl und trat als zweiter Geiger in das Orchester des Musikdirektors Pammer und später in jenes des berühmten Joseph Lanner als erster Geiger ein. Sein selbstständiges Leiten eines eigenen grossen Orchesters sollte der alte Ochsenheimer nicht mehr erleben. Er starb kurz nach seiner am 15. Oktober 1822 erfolgten Pensionierung am 1. November desselben Jahres.

Sein in Leipzig begonnenes und nach seinem Tode von seinem Collegen Treitschke beendetes Werk: »Die Schmetterlinge Europas« ist heute noch eine der besten Fundgruben für Lepidopterologen, denn Besseres wurde bis zur Stunde noch nicht geschrieben. [13]

Von Ochsenheimer stammen zahlreiche Erstbeschreibungen verschiedener Schmetterlingsgattungen und -arten, umgekehrt wurden zahlreiche Arten nach ihm benannt.

---

[13] Kuhn, R. aus dem Leben eines berühmten Entomologen, Entom. Ztsch 7.1893

Kelemen

Name: Orinocarabus alpestris, Sturm
Fundort: Tuxerjoch
Eigentümer: **Kelemen**

Mikes Graf von Kelemen war engster Vertrauter von Franz II Rákóczi. Mit ihm nahm er an allen Feldzügen gegen die habsburgische Herrschaft teil. Als jedoch die Türken von Prinz Eugen vernichtend geschlagen waren, mussten alle ungarischen Fürsten nebst ihrer Getreuen Europa verlassen und wurden in die Türkei verbannt. Von hier aus schrieb Kelemen Briefe über seine Erlebnisse und Beobachtungen an eine fiktive Gräfin, die er als seine Tante bezeichnete.

Als er 1768 verstarb hatte er 208 Briefe geschrieben, die in Ungarn jedoch nicht veröffentlicht werden durften. Über Umwege gelangten sie nach Wien. 1792 wurde schließlich durch einen mit der Zensur beauftragten Kanoniker in Ofen (dt. für Buda von Budapest) eine Druckgenehmigung unter dem Titel: "Briefe aus der Türkei" erteilt. Die Briefe gelten bis heute als eines der bedeutensten Werke der ungarischen Literatur und erschienen seitdem in verschiedenen Sprachen in zahlreichen Auflagen.

1878 erschien eine von Lajos Abafi-Aigner in seiner eigenen Schriftenreihe über „Klassiker der ungarischen Literatur" verfasste Monographie über Kelemen.

Lajos Abafi-Aigner war Literaturwissenschaftler, Historiker, Übersetzter, Buchhändler und - Entomologe. Seinen ererbten Buchladen verkaufte er allerdings recht bald an eine Druckerei und arbeitete als Entomologe in der Funktion eines Landesinspekteurs für Museen und Bibliotheken. Hier muss er auf die Idee gekommen sein, sich unter dem Pseudonym „Kelemen" in der Entomlogie zu verewigen.

Zahlreiche Veröffentlichungen zu Schmetterlingen festigten seinen internationalen Ruf als Entomologe. Außerdem veröffentlichte er verschiedene Werke zur ungarischen Volkspoesie. Schließlich machte er sich auch noch mit einem „opus magnum" in 5 Bänden verdient um die Erforschung der Geschichte der Freimaurerei in Österreich-Ungarn. [14])

---

[14] Lennhoff/Posner, Intern. Freimaurerlexikon, Graz 1932

Rakos mezo

Name: *Megodontus, violaceus,*
var. Rakosiensis,
Fundort: **Rakos mezo** b. Budapest
Funddatum: 20.6.1916
COTYPE

Das Krebsfeld ist ein Sandfeld am Ufer des Baches Rakos auf der Ostseite von Pest. Es ist ein blutgetränkter Schauplatz, der von vielen Schlachten und Siegen erzählen könnte. Es war der Platz auf dem Könige gewählt und gekrönt wurden, Volksversammlungen stattfanden und Gericht gehalten wurden, eine Art „Ting-Platz".

Nach dem Untergang des Byzantinischen Reiches (Ost-Rom) strebten die Osmanen eine Ausdehnung ihres eigenen Reiches nach Norden und Westen hin an. Nachdem sie Konstantinopel erobert und in Nordafrika alles vereinnahmt hatten, was sich bot, wandten Sie sich auf Geheiß ihres Sultans Süleyman I gen Norden, nach Europa, durch das Haupttor, die Donau: Serbien, Kroatien, Ungarn, Österreich. Eine Schlacht nach der anderen brachte sie immer näher an Wien heran bis sie die Stadt erstmals 1529 erreichten und belagerten. Sie zogen jedoch nach 1 Monat wieder ab - die Gründe hierfür sind bislang unklar. Aber zumindest hatten sie Ungarn erobert.

150 Jahre später, 1683 versuchte Kara Mustafa Pascha es noch einmal. Diesmal wurde es eng für die Wiener. Polen und Deutsche mussten zu Hilfe marschieren, es folgte die Schlacht vom Kahlenberg. Der habsburgische Oberbefehlshaber Prinz Eugen (Franz von Savoyen-Carignan), reorganisierte daraufhin die Heere und bezwang schließlich die Osmanen in mehreren Schlachten. 1699 wurde dies mit dem Frieden von Karlowitz besiegelt

Warum aber Wien? Seit Menschengedanken tauscht und handelt der Mensch und hat die Welt mit seinen Handelsrouten durchzogen. Wien ist seit alters her der Knotenpunkt der Bernsteinstraße (nachweislich besaßen die „alten" Ägypter Ostseebernstein) und der west-östlichen Handelsrouten von Spanien nach Böhmen und weiter in den Osten. Die geografische Lage an der Donau hinterlässt obendrein den Eindruck, der Eroberer bräuchte nur die Donau hinauffahren und schon ist er in Wien. Stimmt ja auch irgendwie.

Aber die Osmanen haben uns den Kaffee dagelassen.

Banat

Name: *Anthaxia aurulenta*, F.
Fundort: **Banat**
Sammlr: Reitter

Wer die Donau weiter entlang-fährt, erblickt am Ufer irgendwo im Umfeld des Eisernen Tores die überdimensionale Felsenskulptur eines bärtigen Männerkopfes: mit strengem Blick sieht uns der Dakerkönig Decebalus nach, wenn wir an Bord eines Schiffes vorübergleiten. Er war der letzte einer langen Reihe von Daker-Königen der schließlich glücklos sein Reich 106 n.Chr an die Römer verlor.

„Gleich dem alten Kaiser Barbarossa, der im Kyffhäuser verzaubert sitzt und der Zeit harret um das „Reich" zu neuer Herrlichkeit zu erwecken, ebenso soll, nach der walachischen Volkssage, König Decebal im schneegekrönten Reihcjat den tausendjährigen Schlaf schlafen. Wenn die Wasser der Sirell wieder in ihrem alten Bett rauschen, die mächtigen Gewölbe mit ihren unsäglichen Schätzen offen liegen dann werden sich die gewaltigen Felsenmassen des Reihcjat mit Donnergeräusch öffnen, und König Decebal wird von seinen Schätzen und seinem Land wieder Besitz ergreifen.

Das war ein schwarzer Tag fürs Dakenland als Decebal, sein tapferer König, in schrecklicher Schlacht vom Kaiser Trajan geschlagen wurde. Den Tod der Knechtschaft vorziehend, stürzte er sich in das Schwert; die ungeheuren Schätze vergrub er in wilder Felsenschlucht in dem Bette der jähen Strell, deren Wasser von römischen Gefangenen abgeleitet die nach Vollendung des titanischen Werkes sämmtlich geblendet wurden, dass keiner ein Verräther werde. Dort ruhen sie noch unbehoben, die unsäglichen Schätze, und harren des glücklichen Schatzgräbers. Ein Theil desselben soll, von waldischen Fischern gefunden, in den Besitz des „Siebenbürger Magazin", des vielgenannten Martinuzzi, gelangt sein – jenes berühmten Mönchs der aus einem Ofenheizer zum Cardinal und intimen Berather der Königin Isabella geworden, bis er in Alvnicz unter Mörderhänden sein vielbewegtes Leben aushauchte." [15])

Das Banat liegt, geografisch gesehen zwischen Donau, Theiss, Südkarpaten und umfasst Teile der Regionen Siebenbürgen und Walachei.

---

[15]) Allgemeine Münchner Zeitung 1878, Beilage, S. 2290.

Herkulesbad

Name: *Cychrus elongathus*, Au.-Serv.
Fundort: **Herkulesbad**, Süd-Ungarn
Sammler: v. Bodemeyer
Eigentümer: Meissl

Nachdem Trajan nun mit Decebal fertig war, erholte er sich im nahegelegenen Thermalbad. Auch Kaiserin Sissi schätze es sich hier in den Thermalen zu räkeln.

Lassen wir den Botaniker zu Worte kommen:

„Von hohen, gewöhnlich ziemlich steil abfallenden, vielfach felsigen Berghängen eingeengt, auf grosse Entfernungen hin ringsum von zusammenhängenden fast lückenlosen Laubwäldern umgeben, von den klaren grünen Fluten der wasserreichen Tscherna durchrauscht, so stellte sich uns das Thal von Herkulesbad als ein durchaus anziehender Aufenthaltsort dar. Die Thalsohle lässt nur schmalen Raum für die zu dem Bade gehörigen Gebäude, weshalb sie durch Absprengungen erweitert werden mussten. In den letzten Jahrzehnten ist nämlich Herkulesbad, dessen heilkräftigen Thermen schon die Römer („ad aquas Herculis sacras") benutzten, von seinem Eigentümer, dem ungarischen Staate, gar prächtig ausgestattet worden. [...]

Durch die Badedirektion waren uns im Rudolfshofe ein paar schmucke Zimmer zugwiesen worden, von wo aus wir bald unsere Ausflüge begannen, [...]

Es drängte uns bald, den höchsten Punkt der Gegend, den 1300 m hohen, aus Triaskalk bestehenden Donmgled zu besteigen und bestimmten wir dazu den zweiten Tag nach unserer Ankunft. Schon zeitig von dem engagierten rumänischen Führer geweckt, konnten wir die Wanderung nach eingenommenem Frühstück vom Kurhause aus noch vor 6 Uhr antreten. Dem mehr oder weniger steilen ersten Aufstieg bis zum „Roten Kreuz", von wo man einen schönen Blick über das Thal geniesst, folgten durch Schluchten und Wald bequemere Partien, die wir fast durchweg im Schatten zurücklegten." [16]

Die Thermen sind auch heute noch beliebter Erholungsort, die rumänische Tourismusbranche bemüht sich um den Erhalt des Herkulesbades.

---

[16] Fiek, E., eine botanische Fahrt ins Banat, Allg. botanische Zeitschr.,1/1895

Macedonia

Name: *Chrysomela vernalis*, Br.
Fundort: Gjevgjeli, **Macedonia**

„Geh, mein Sohn, suche dir ein eigenes Königreich, das deiner würdig ist. Makedonien ist nicht groß genug für dich. So soll Phillip II der Legende nach zu seinem halb erwachsenen Sohn Alexander gesagt haben.

Gesagt - getan: Alexander zog los, machte die Perser nieder, zog über die Grenze nach Indien, kehrte um, Ägypten zu besetzen.

Alexander hatte eine gute Bildung in Philosophie, Kunst und Mathematik durch den Philosophen Aristoteles genossen. Die besten Voraussetzungen für einen guten Strategen und ein gesundes Selbstbewusstsein.

Im Jahr 336 v.Chr. wurde sein Vater Phillip II ermordet, spätere Legenden schieben diese Bluttat Alexander in die Schuhe. Gleichwohl: als neuer König von Makedonien machte er sich sogleich daran, mit einem Heer von 15.000 Mann die Nachbarn bis zur Donau rauf und zu den griechischen Städten im Süden, den gesamten Peleponnes, zu Vasallen zu machen und seine Herrschaft auszuweiten.

Dann zettelte er mit 35.000 Mann die Perserkriege an: eine alte Fehde war zu begleichen, hatten die Perser sich doch schamlos über die Levante, Mesopotamien, Ägypten und Kleinasien hergemacht, diese unter ihre Herrschaft gezwungen und damit das damals größte Reich zusammengebracht. Die bekannteste Schlacht fand 333 v.Chr. bei Issos statt, von wo der Perserkönig schließlich aufgrund der hohen Verluste seiner Krieger vor Alexander getürmt ist, später hat ihn Alex dann auch noch umgebracht.

Zuvor hatte er noch schnell die Sache mit dem „Gordischen Knoten" gelöst, in dem er einfach mit dem Schwert darauf hieb. Dieser Knoten war eine kunstvolle Schnürung von Seilen am Streitwagen des Königs Gordios. Er verband die Deichsel des Wagens mit dem Zugjoch. Der Sage nach sollte Demjenigen die Herrschaft über Asien zufallen, der diesen Knoten löst. Zack – und schon ging es los nach Asien.

Nach Issos wandte er sich aber zunächst gegen Westen und eroberte noch schnell den Gaza-Streifen und ganz Ägypten. Die

Neugierde auf Indien und schöne Frauen war jedoch zu verlockend und so brach er ein weiteres Mal gegen Osten auf.

Nachdem er schließlich ganz Persien erobert hatte, fasste er den Beschluss, noch weiter bis nach Indien vorzudringen, denn es war darüber nichts bekannt und man erzählte sich nur Legenden. Genaugenommen war das Indien der Zeit Alexanders aber nicht das Indien, das wir heute kennen: es begann dort, wo Persien endete: der Osten Afghanistans und Pakistans. Kein Reisender war jemals zuvor dahin gekommen. Damit war Alexander der erste europäische Eroberer, der sein Reich bis nach Indien ausdehnte.

Ganz nebenbei hat er wohl mindestens 10 Städte mit seinem Namen gegründet, vorneweg Alexandria in Ägypten. Doch dann kehrte er nach Babylon zurück und plante neue Feldzüge: die arabische Halbinsel und Karthago hatte er ins Auge gefasst.

Zu Ehren seines toten Freundes Hephaistion veranstaltete er aber vorher noch eine feine Party, bei der er wie in letzter Zeit immer öfter, selbst ordentlich zulangte und sich betrank. Daran erkrankte er allerdings diesmal und so starb er am nächsten Tag, dem 10. Juni 323 v. Chr. Als Todesursache werden heute verschiedene Möglichkeiten erwogen: von einer Alkoholvergiftung über das West-Nil-Fieber bis zu einer tatsächlichen Vergiftung mit dem „weißen Germer", der hochgiftigen weißen Nieswurz, wird spekuliert. Kürzlich kam die Theorie einer Salmonelleninfektion hinzu.

Das Grab Alexanders ist heute nicht mehr auffindbar, er ist, der Forschung zufolge, wohl mehrfach „umgezogen" bis schließlich die Grabstätte durch Erdbeben zerstört wurde und das Wissen darum verloren ging. Bei Chrysostomos diente die rhetorische Frage nach dem Ort des Alexandergrabes als Symbol für die Vergänglichkeit des Irdischen. Eine neueste Theorie besagt, dass die Gebeine, bzw. die Mumie des Alexander durch die Wirren der politischen Verhältnisse eine wundersame Wandlung erfahren haben und als diejenigen des heiligen Markus in Venedig gelandet sind. Eine genetische Analyse könnte hier Klarheit schaffen.

Geografisch umfasste Macedonien (mit „k" gesprochen) oder Mazedonien ein Gebiet von Nordgriechenland, Bulgarien, Kosovo, Serbien und Albanien. Der Name ging zwischendurch verloren bis er im 19. Jahrhundert unter dem griechischen Nationalismus wiederbelebt wurde. Zuletzt gab es einen Namenstreit, aus dem der außerhalb Griechenlands gelegene Teil mit Namen „Nord-Mazedonien" hervorging.

Trapezunt

Name: *Cytilocarabus cribratus*
        v.ponectangulus, Quensel
Fundort: **Trebizonde**
Funddatum: 1894
Vorbesitzer: Bleuse
Eigentümer: Mesmin

Türkei-Urlauber müssten diesen Ort kennen – Trebizonde, Trabzond, mit einer zauberhaften kleinen byzantinischen Haghia Sophia in einem traumhaften Gebirgsumland an der Schwarzmeerküste gelegen. Wer ahnt schon, dass dies ein Kaiserreich war?

Die Erstbesiedlung dieses Raumes am Schwarzen Meer geht vermutlich bis in die Zeit der Hethiter zurück. Später bildeten die Assyrer erste Handelskolonien, die bis ins iranische Hochland reichten. Mit der Ansiedlung mykenischer Griechen in der späteren Bronzezeit entwickelte sich der Handel mit Bodenschätzen wie Blei, Silber und Gold. Hieraus soll sich im 12. Jhdt. v. Chr. der Mythos um Jason und das Goldene Vlies, auch als Argonautensage bekannt, entwickelt haben:

Jason, der griechische Königssohn aus Iolkos, wird nach dem Sturz seines Vaters Aison durch den Onkel Pelias zu seinem Schutz in die Obhut des Kentauren Chiron gegeben. Als herangewachsener junger Mann kehrt er nach Iolkos zurück und fordert das Erbe seines Vaters von Pelias heraus.

Dieser schickt ihn aber erst mal nach Kolchis, das goldene Vlies zu holen und sich damit als Held zu bewähren. Im Hafen von Iolkos liegt ein gewaltiges Schiff, die „Argo" – die „Schnelle". Zu Jasons Begleitern gehören alle bedeutenden griechischen Helden: Orpheus, Herakles, Telamon, Peleus, Laertes und Theseus. Nach vielen Abenteuern auf dem Schwarzen Meer erreichen sie schließlich das Wunderland Kolchis.

König Aietas empfängt sie gastfreundlich in seiner von Weinreben umrankten Stadt Aja. Jason verlangt das goldene Vlies, darauf stellt Aietas ihm zwei Aufgaben: erst muss Jason zwei feuerspeiende Stiere mit eisernen Hufen vor den Pflug spannen und einen Acker pflügen, anschließend soll er in die Ackerfurchen Drachenzähne säen und gegen die daraus entstehenden gepanzerten Männer kämpfen. Doch Medea, die Tochter des Königs, verliebt sich in ihn. Sie schickt ihm eine Salbe, die Jason gegen den giftigen Feueratem der Stiere schützt. Auf Ihren Rat hin wirft Jason dann einen Stein unter die eisernen Männer der Drachensaat, worauf diese sich gegeneinander wenden und dann einzeln von Jason besiegt werden.

Dennoch will Aietas das Goldene Vlies nicht herausgeben. So schleicht sich Jason in den heiligen Hain, schläfert den Wächter des Vlies, einen hundertäugigen Drachen, mit einem Zaubermittel von Medea ein und entwendet das Vlies. Mit dem kostbaren Vlies und Medea an der Seite segelt er mit seinen Argonauten davon.

Der Sage nach ist das Goldene Vlies das Fell des Chrysomeles, eines goldenen Widders der fliegen und sprechen konnte. Früher nutzten Goldwäscher das Fell von Schafen um aus Flüssen Gold zu gewinnen. Der Goldstaub bleibt dabei zwischen den Haaren hängen, während das Wasser abfließt. Nach mehrmaligem Gebrauch wurden dabei die Felle tatsächlich golden.

Im Jahre 324 n. Chr. war Kaiser Konstantin von Rom aus Platz- und Prestigegründen auf der Suche nach einer neuen Bleibe. Sein Auge fiel dabei wohlwollend auf den kleinen Ort Bizantion am Bosporus: gute Lage, nette Aussicht – prima Klima. Strategisch außerordentlich günstig gelegen zwischen Mittelmeer und Schwarzem Meer wurde Konstantinopel zur neuen Hauptstadt des römischen Reiches. Zur Stärkung dieses neuen Machtmittelpunktes und seines Allein-Herrschaftsanspruches hat er dann gleich ein Jahr später in das nahe seiner Residenz gelegene Nicäa (heute Iznik) zum Konzil geladen. Hier sollten 300 Bischöfe die Frage der Natur Jesu und seiner Stellung gegenüber Gott dem Vater klären. Auch wurde hier der Schriftenkanon des christlichen Lehrbuches (Bibel) festgelegt, die Regelung des Osterfestes für alle Christen getroffen sowie das allgemein gültige erste christliche Glaubensbekenntnis geschaffen.

Spätere Kaiser hielten es so wie er, man residierte und regierte das gesamte römische Reich von Konstantinopel aus. Allmählich zeichneten sich jedoch im Verlauf des 4. Jahrhunderts unterschiedliche kulturelle, religiöse und ökonomische Entwicklungen zwischen dem griechisch geprägten Ost-Rom und dem italienisch geprägten West-Rom ab. Es gab Streit – wie immer – zwischen den Söhnen des letzten Gesamt-Kaisers Theodosius und so bestimmte er, dass das Reich nach seinem Tod geteilt wird: Westrom mit der Hauptstadt Rom ging an Honorius, Ostrom mit Konstantinopel an Arcadius.

An eine richtige Reichsteilung dachte aber Niemand, es war staatsrechtlich gesehen lediglich eine Herrschaftsteilung: gleiche Gesetze, Währung, gemeinsames Militär. Aber die Entfremdung war nicht aufzuhalten, die Verwaltungen beider Reiche entwickelten ihre Eigenheiten, es kam zu wachsender Rivalität zwischen den beiden Kaiserhöfen. Beendet wurde diese Rivalität allerdings erst 476 mit dem Niedergang des Weströmischen Reiches.

Damit war Ostrom, ab ca. Mitte des 7.Jhdts Byzans, die unmittelbare Fortsetzung des römischen Reiches. Das Reich bestand bis 1204 die Stadt Konstantinopel von den Teilnehmern des 4. Kreuzzuges erobert wurde.

Als die Kreuzritter Konstantinopel überrannten, flohen die Eliten – die Herrscherdynastie der Komnenen gründete umgehend am östlichen Ufer des Schwarzen Meeres das Kaiserreich Trapezunt als Nachfolgestaat des untergegangenen Ostroms. Der Kaiser wurde von Gott gekrönt, ein Weltherrschaftsanspruch, durch die Kugel symbolisiert. Man kann das auf alten Münzen sehen. Die Könige von Georgien hegten den gleichen Anspruch, ergänzten Ihr Symbol mit dem Davidstern und begründeten damit ihre Abstammung direkt von König David.

Nachdem dann auch noch 1258 die heranstürmenden Mongolen Bagdad zerstört hatten, verlagerte sich der Orienthandel und so erlebte das kleine Kaiserreich Trapezunt eine wirtschaftliche Blüte. Im 14.Jhdt jedoch kam es zu Aufständen und Bürgerkriegen. Ursache waren zum einen die Besitzverhältnisse von Grund und Boden, die größten Ländereien gehörten den Aristokraten. Zum anderen fielen immer wieder Nachbarn, insbesondere die Turkmenen ein. Mit dem Zerfall des Mongolen Reiches und den heranrückenden Osmanen schließlich endete dann diese glückliche Ära Mitte des 15. Jahrhunderts.

Im Jahr 2000 wurde vor Cherson im Meer ein Wrack aufgefunden aus dem 36 Münzen aus Trapezunt geborgen wurden.

Cherson

Name: *Tabanus bovinus*, L.
Fundort: **Cherson** / Ukraine
Funddatum: **15.VIII 42**
Sammler: Zumpt

Dr. Fritz Zumpt, Mediziner am Hamburger Tropeninstitut (Bernhardt - Nocht-Institut/Tropenkrankenhaus), geboren 1908 in Berlin, verstorben 1985 in Johannesburg, Promotion 1931, bereits vor 1933 Mitglied der NSDAP und später im Krieg SS-Offizier.

Am 16.August 1942 findet sich in der Warschauer Zeitung Nr, 193, auf Seite 4 unten rechts die Notiz: *„Neuaufbau des Malaria-Instituts in Cherson. Das Malaria-Institut in Cherson war von den Bolschewisten zerstört worden. Mit seinem Wiederaufbau ist von deutscher Seite begonnen worden. Dr. Minning und Dr. Zumpt, beide vom Hamburger Tropeninstitut, führen nun in Cherson die Forschungs- und Bekämpfungsarbeiten.“*

Am 10.1.1945 unternahm Dr. Zumpt noch eine Dienstreise nach Ausschwitz um dort „Fleckenfieberseuchen“ zu bekämpfen.

In der 100-Jahres-Schrift des Hamburger Tropeninstitutes heisst es: *„Ein wichtiges Kapitel der Aufarbeitung der Vergangenheit stellten die Nürnberger Ärzteprozesse von 1945/46 dar, in denen einige Tropenmediziner zum Tode oder zu langen Haftstrafen verurteilt wurden, hauptsächlich wegen der Durchführung von Menschenversuchen in Konzentrationslagern. [..] Mitarbeiter des Hamburger Instituts wurden nicht angeklagt, allerdings verloren einige, wie z.B. der überzeugte Nationalsozialist Fritz Zumpt, seit 1934 am Institut und seit 1942 Leiter der Abteilung Schädlingsbekämpfung, wegen ihrer Rolle im „Dritten Reich“ ihre Stellung. Zumpt ging anschließend nach Südafrika und leitete bis 1961 die entomologische Abteilung des „South African Institute for Medical Research“.* [17])

Und auch: *„Aufgrund der Bombenangriffe [auf den Hamburger Hafen] wurden 1944 Materialien der Entomologie, des Museums, des fotografischen Labors und anderer Abteilungen nach Reinbek gebracht.“*

---

[17]) Tode, Sven: Forschen-Heilen-Lehren – 100 Jahre Hamburger Tropeninstitut, o.J., S.21

Musca domestica
Linnaeus, 1758

Fundort: Reinbek
Habitat: Schafsmist
Funddatum: 12.10.1944
Sammler: Zumpt

Joachim Ringelnatz (1883 – 1934)
dichtete anschaulich:

Meine Musca Domestica [18]

Hoch soll sie leben!
Auch tief darf sie leben,
Meine Stubenfliege in der Winterzeit.
Alle Sauberkeit
Darf sie schwarz verkleben.

Was mag sie denken?
Was mag sie lenken,
Wenn sie scheinbar sinnlos auf dem Frühstückstisch
Zwischen Braten, Käse, Milch und Fisch
Immer unbehelligt flugwirr flieht,
Aber plötzlich einen Tischtuchfleck beehrt,
Wo kein Mensch etwas Besonderes sieht?

Ist ein Krümelchen wohl eines Totschlags wert!?

Mag sie meinetwegen
Ihre Eier legen
Wann, wohin und wieviel ihr beliebt!

Immer noch studiere
Ich am kleinsten Tiere:
Welche himmelhohen Rätsel es gibt.

---

[18] Ringelnatz, Berlin 1964, 13. Auflage 1973

 **43** 

Kaukasus

Name: *Agrilus roscidus*, Kies.
Fundort: Geok-Tapa, **Caucasus**
Sammler: A.Schelnikow

Beliebtes Sammelgebiet, auch heute noch, ist der Kaukasus, ein mächtiges Faltengebirge zwischen Europa und Asien, Schwarzem Meer und Kaspischem Meer, mit Bergen bis zu 6200 m Höhe auf einer Fläche wie die von Deutschland, Österreich und Schweiz zusammen. Vielfach ist vom Großen und Kleinen Kaukasus zu lesen. Letzterer ist jedoch lediglich ein südöstlich gelegenes Teilgebiet des gesamten, nordwestlich-südöstlich streichenden Gebirges.

Das große Interesse der Insektensammler an diesem Gebirge ist sowohl in der guten Erreichbarkeit, gewissermaßen vor der Tür gelegen, als auch in der vielfachen Gliederung in verschiedenste klimatische Zonen zu suchen. Von der Wüste bis zu tropischen Klimaten, von den Eisgipfeln hinab bis in die gemäßigten Täler, bietet der Kaukasus mehr als 100 Landschaftstypen. In der Folge ist die Artenvielfalt enorm.

Auch kulturell hat diese Region viel zu bieten, der Raum ist geschichtsträchtig und die Ereignisse sorgen immer wieder für spektakuläre Nachrichten, beginnend in der griechischen Mythologie: so kettete Zeus einst den Prometheus hier an, weil er den Göttern das Feuer gestohlen hatte um es den Menschen zu bringen:

„Prometheus, Sohn des Titanen Iapetos und der [..] Themis; entwendete das den Menschen vorenthaltene Feuer vom Blitz des Zeus und brachte es auf die Erde. Zur Strafe fesselte Zeus den Prometheus an einen Felsen im Kaukasus und sandte einen Adler, der ihm täglich die Leber zerfleischte, welche nachts immer nachwuchs. Mit Zustimmung des Zeus erlegte Herakles den Adler und befreite Prometheus.“ [19])

Es ist zu vermuten, dass allein diese Sage die im 18. und 19. Jahrhundert in griechischer Sagenwelt gebildeten Forscher hierher brachte, um der Sache auf den Grund zu gehen. Als Ort des Geschehens vermutete man den Berg Kazbek in Georgien mit seinen 5047 m Gipfelhöhe.

---

[19] Jens, Hermann, Mythologisches Lexikon, 1958

Elisabethpol

Name: *Galeruca tanaceti*, L.
Fundort: **Elisabethpol**, Armenia

 Die Deutsche Botschaft Baku, Aserbeidschan schreibt: [20] *„Deutsche Spuren in Aserbaidschan [..]*

 Bei den ersten Kolonisten, die sich Anfang des 19. Jahrhunderts aus der schwäbischen Heimat auf den Weg gen Osten machten, handelte es sich vor Allem um Landwirte und Handwerker. Sie kamen auf Einladung des russischen Zaren Alexander I. zunächst auf das Gebiet des heutigen Georgiens. [..]

 Die Deutschen brachten neben ihren Habseligkeiten vor allem ihre landwirtschaftlichen und handwerklichen Fähigkeiten mit sich und so begannen die neuen Siedlungen zu wachsen und wirtschaftlich aufzublühen. [..] Die ausschließlich dem Lutherischen Glaubensbekenntnis angehörenden Siedler zeichneten sich durch starke Religiosität aus und legten hohen Wert auf die Bewahrung ihrer Bräuche und Traditionen. Zu besonderer Produktivität brachten es die Deutschen im Bereich des Weinanbaus und der Kelterei. Die Weinreben und der Wein aus den Kolonien erfreuten sich bald in ganz Aserbaidschan hoher Beliebtheit und wurden Anfang des 20. Jahrhunderts sogar bis nach Moskau und Sankt Petersburg gehandelt. [..]

 Der Anfang vom Ende des deutschen Alltags in Aserbaidschan wurde mit der Annexion der Republik durch Sowjetrussland eingeläutet. [..] Die Selbstverwaltung der Kolonien wurde aufgehoben, die Großbetriebe enteignet, die Religionsfreiheit starkem Druck ausgesetzt. Während der wirtschaftlichen Liberalisierung im Rahmen der „Neuen Ökonomischen Politik" in den 1920er Jahren erlebte die deutsche Gemeinschaft in Aserbaidschan einen kurzen Augenblick wirtschaftlichen Aufschwungs und Wohlstands. [..]

 Im Zuge des 2. Weltkriegs wurden alle 22.741 verbliebenen Nachfahren der deutschen Siedler aufgrund ihrer ethnischen Zugehörigkeit nach Zentralasien deportiert. [..]

 Neben den Siedlern hegten auch andere Deutsche des 19. Jahrhunderts ein großes Interesse an Aserbaidschan. So eröffnete die Firma Siemens im Ort Gadabay ein Kupferbergwerk und baute es zum größten des Landes aus. [..]"

---

[20] Auszug Stand 11.2023: *(www.baku.diplo.de)*

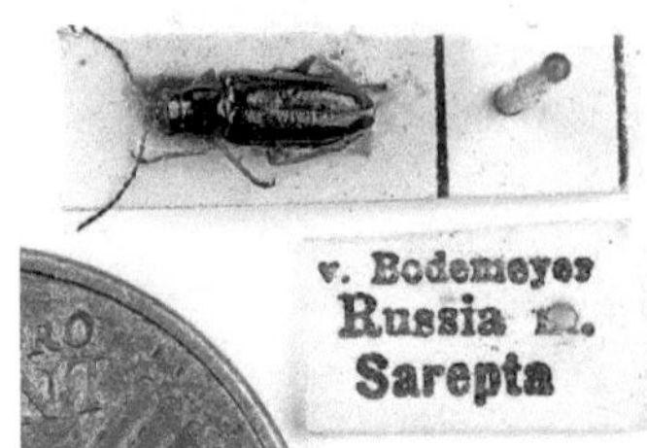

Sarepta

Name: *Luperus kiesenwetteri*, Joannis
Fundort: **Sarepta**, Russia
Sammler: v.Bodemeyer

Haben Sie auch einen „Herrnhuter Stern" zu Hause?

Der Prediger und Theologe Petr Chelcicky war ein Anhänger des Prager Mönches und Religionsrebell Jan Hus. Nach dessen Tod auf dem Scheiterhaufen 1415 in Konstanz zerstritt er sich theologisch mit dessen Nachfolger, und so zog er sich 1420 auf sein Gut in Südböhmen zurück.

Dort entwickelte er eine radikal pazifistische Vision des Christentums. Er postulierte die Gleichheit aller Christen, rief zu freiwilliger Armut auf und lehnte Mönchtum, Kriegsdienst und den Eid ab. Er kritisierte die damalige ständische Gesellschaftsordnung der Grundherrschaft und Erbuntertänigkeit. Das gefiel nicht jedem Landesherrn. Und so kamen ab 1722 „Böhmische Brüder", wie sie auch hießen, auf das Gut des Grafen von Zinzendorf in der Oberlausitz und gründeten außerhalb des Dorfes Berthelsdorf ihre Siedlung Herrenhut. Von hier aus ging bald eine rege Missionsarbeit aus, in deren Folge sich die Glaubensgrundsätze zunächst in Mitteleuropa aber auch in Übersee durch ein dichtes Netz von Freundeskreisen und Tochtergemeinden verbreitete.

Eingeladen von Katharina II erreichten im August 1765 die ersten fünf Glaubensbrüder aus Deutschland das Gebiet des heutigen Wolgograd. Katie hatte die Vorstellung, dass diese disziplinierten, bienenfleißigen und friedlichen Brüder den im Wolgagebiet randalierenden Kosaken und Kalmücken das ländlich-sittliche Leben beibringen. Sie durften sich Land aussuchen und eine Selbstverwaltung einsetzen. Gemäß 1.Buch der Könige, 7,9 *„Mach dich auf, und geh nach Sarepta"* nannten sie das Stück Land am Südufer der Wolga Sarepta. Die Siedlung wurde eine Kopie von Herrnhut in der Oberlausitz und zur Festung ausgebaut.

Im 19. Jahrhundert machte die Verweltlichung ein Herrnhuter-Leben immer schwieriger. 1892 wurden die letzten Brüder nach Herrnhut zurückberufen und Sarepta als Niederlassung der Brüdergemeine aufgegeben.

Freilichtmuseum Alt-Sarepta: www.museum.rusdeutsch.eu

Mesopotamien

Name: *Julodis euphratica*, Cast.
Fundort **Mesopotamia**, Gurna
Eigentümer: G. Basilewsky

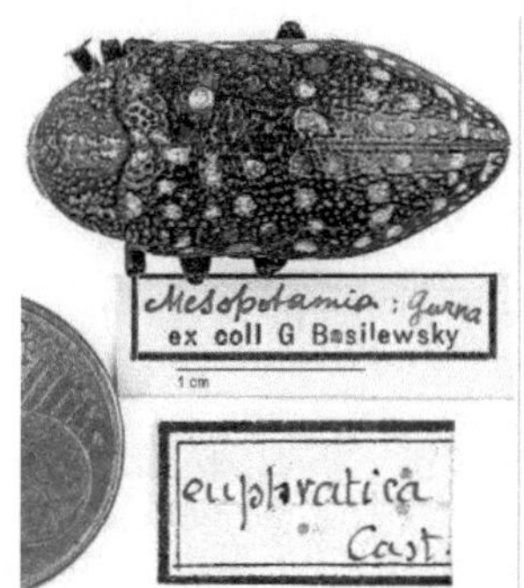

[..] es schufen die Götter Gilgamesch in seiner Gestalt: Manneskraft verlieh ihm der himmlische Schamasch, Heldensinn aber verlieh ihm Adad. [...]. In den Hürden von Uruk geht er einher, wilde Kraft setzt er gleich dem Wildstier, erhabenen Schrittes." [21]). Grob ist er und stark, der König von Uruk, sein Volk murrt und klagt zu Aruru, einen zu erschaffen, der ihn bändigt.

„[..] Aruru wusch sich die Hände, kniff sich Lehm ab, warf ihn draußen hin. Enkidu, den gewaltigen, schuf sie einen Helden, einen Sprößling der Nachtstille, mit Kraft beschenkt von Ninurta, mit Haaren bepelzt am ganzen Leibe, mit Haupthaar versehen wie ein Weib."

Gilgamesch lässt ihn zu sich holen und fordert ihn zum Kampf, kann ihn jedoch nicht besiegen. So werden die beiden Brüder und beschließen sogleich gemeinsam eine Heldentat zu begehen: *„Im Wald wohnt der reckenhafte Chumbaba, ich und du, wir wollen ihn töten, aus dem Lande tilgen jegliches Böse!"* Sie töteten Chumbaba.

Darauf verliebte sich die Liebesgöttin Ischtar in den kraftvollen Gilgamesch *„Komm Gilgamesch! Du sollst mein Gatte sein! Schenk, o schenke mir Deine Fülle!"*, er aber wies sie zurück. Sie rief Göttervater Aru um Hilfe. Dieser schickte einen Himmelsstier. Gilgamesch und Enkidu jedoch besiegten und töteten auch diesen. *"Es jagte Enkidu, zu greifen den Himmelsstier, da packte er ihn am Schweife fest, Enkidu hält ihn mit beiden Händen, und Gilgamesch, wie ein kundiger Schlachter, stark und sicher trifft er den Himmelsstier"*. Die Götter fanden, dass das zu weit ging: *"Dafür, dass sie getötet den Himmelsstier, auch den Chumbaba getötet haben, [..] soll Enkidu sterben"* und beschlossen, Enkido eine Krankheit zu schicken. Enkido starb und Gilgamesch machte sich volle Trauer auf den Weg, das Geheimnis des Lebens zu *finden „Um Enkidu weine ich, um meinen Freund, wie ein Klageweib bitterlich klagend! [..] Werd ich nicht, sterbe ich, sein wie auch Enkidu?"*

---

[21] Soden, Wolfram von, Das Gilgamesch-Epos, Reclam 7235, Stuttgart 1969, mit freundlicher Genehmigung des Philipp Reclam jun. Verlages

Er irrt durch die Steppe und kommt zum Berg Maschu. Durch diesen führt ein Tunnel, den nachts die Sonne auf ihrem Weg von West nach Ost durchläuft. Die Wächter des Tunnels fragen ihn, was er suche und er antwortet: *„um Utnapischtims, meines Ahnen willen! [..] nach Tod und Leben will ich ihn fragen!"*. Darauf antwortet der Wächter: *„Nicht gab es, Gilgamesch, Menschen die's konnten! Des Berges Inneres hat niemand durchschritten, dicht ist die Finsternis, kein Licht ist da! Zum Sonnenaufgang lenkt sich der Weg, zum Sonnenuntergang gleichermaßen."* Dennoch geben sie den Weg frei und *„als er zwölf Doppelstunden weit gedrungen, herrscht die Helle. Er strebt, die Edelsteinbäume zu sehen."*

Nach Erledigung weiterer Aufgaben gelangt Gilgamesch zu seinem Ahnen. Dieser erklärt ihm: *„sind die Anunnaki, die großen Götter versammelt, Mammetum des Schicksals Erzeugerin, bestimmt mit ihnen Schicksale, sie haben Tod oder Leben zugeteilt, des Todes Tage aber nicht bekannt gemacht."*

Gilgamesch erzählt ihm seinen Kummer um den Tod seines Bruders Enkidu, und so fordert Utnapischtim von Gilgamesch *„Auf, begib des Schlafs dich sechs Tage und sieben Nächte!"*. Jedoch, Gilgamesch schläft sanft und selig. Nach Sieben Nächten wacht er auf und erkennt sein Scheitern: *„Ach, wie soll ich handeln, wo soll ich hingehn? Da der Raffer das Innere mir schon gepackt hat! In meinem Schlafgemach sitzt der Tod, selbst wenn ich den Fuß an einen Ort des Lebens setzen will: auch da ist der Tod!"* Darauf sprach Utnapichtim zu ihm: *„Und ein Unbekanntes will ich Dir sagen: ein Gewächs, dem Stechdorn ähnlich, wie die Rose sticht dich sein Dorn in die Hand. Wenn dies Gewächs deine Hände erlangen, wirst du wieder jung werden!"*

Gilgamesch fand dieses Gewächs und kehrte nach Uruk zurück. Doch leider: *„Da Gilgamesch einen Brunnen sah, dessen Wasser kalt war, stieg er hinunter, sich in dem Wasser zu waschen. Eine Schlange roch den Duft des Gewächses. Verstohlen kam sie herauf und nahm das Gewächs; bei ihrer Rückkehr warf sie die Haut ab!"*

Das Gilgamesch-Epos ist ca. 5000 Jahre alt und gilt als eine der ältesten, schriftlich (Keilschrift) niedergelegten Mythen der Welt. Mesopotamien, auch als Zweistromland zwischen den beiden Strömen Euphrat und Tigris gelegenes Land bekannt, war die Heimat der Sumerer. Gilgamesch, der König von Uruk, ist geschichtlich nachweisbar um ca. 2700 bis 3000 v.Chr. Groballgemein gilt Mesopotamien als Wiege der europäisch - vorderasiatischen Religionen und Kulturen.

Elburs - Gebirge

Name: *Dorcus reichei*, Hope
Fundort: **Elburs Gebirge**, Iran, Nord-Persien
Sammler: B.v.Bodemeyer

Nicht zu verwechseln mit dem „Elbrus", dem höchsten Berg des Kaukasus.

„Die Geschichte des Alten vom Berge, Scheich al Dschebel oder „Gebieter des Gebirges", des Anführers der Assassinen und Schreckens aller Kreuzfahrer. Sie erzählt von einem Fürsten, der seinen Kämpfern für den Fall, dass sie ihm bedingungslos gehorchen würden, den Einzug in das Paradies versprach. Um zu zeigen, dass er seine Zusage zu halten vermag, ließ er den Recken, ohne dass sie es merkten, ein Rauschmittel in den Wein mischen, worauf sie in tiefen Schlummer versanken. Eiligst wurden sie daraufhin in einen Schlossgarten geschafft, in dem sie nach ihrem Erwachen von frivolen Nymphen durch allerlei "Freude und Kurzweil" umturtelt und verwöhnt wurden. Nach einiger Zeit bekamen die Krieger aufs Neue die Droge verabreicht und fielen abermals in einen Schlaf. Und als sie daraus erwachten, fanden Sie sich am Ursprungsort wieder." [22].

Nicht schwer zu erraten, dass sie daraufhin ihrem Herrscher schworen, in seinem Dienst zu sterben. Während der sog. Heiligen Kriege wurden diese Märtyrer als Assassinen bekannt, heute kennen wir sie als Selbstmord-Attentäter.

Als Marco Polo angesichts der Gipfel des Elburs-Gebirges erstmals die Legende vom „Alten der Berge" zu hören bekam, nahm er sie in seine Erzählungen auf und fortan wurde sie in allen Gesprächen mit Einheimischen auf seiner Reise nach Osten erzählt.

Seit ihrer Festschreibung durch Marko Polo in seinem Reisebericht nahm diese alte orientalischen Sage ihren Lauf in die mitteleuropäische Literatur.

Als „der Alte vom Berge" hat auch Alexander von Humboldt in den 1850ern hin und wieder seine Briefe unterzeichnet. Er bezog sich dabei auf seine Leistungen als Bergsteiger bei der Erforschung der Anden.[23]

---

[22] Brennecke, Detlef, Hrsg., Marco Polo, Lenningen, 2004
[23] Biermann/Schwarz in: Nette/Knobloch (Hrsg), Alexander von Humboldt im Netz IX 2008

Aulie Ata

Name: *Galeruca tanaceti, var.rufifrons, L.*
Fundort: **Aulie-Ata**, Turkestan
TYPE!!

„In den Jahren 1880-81 reisten mennonitische Migranten über Berge, durch Wüsten auf Kamelen und mit Planwagen von Südrussland nach Zentralasien. [..] Nach ihrer Ankunft in Taschkent teilten sich die Siedler in zwei Gruppen auf. Eine Gruppe [..] ließ sich in Aulie-Ata, heute in Kasachstan, nieder. (Die andere Gruppe) schlossen sich der anderen Gruppe an, die zumeist aus Am Trakt stammte und die den größten Umbruch und mehrere Fehlstarts erlebte. Vier Jahre später waren sie wieder auf dem Weg. Ein Bericht zeichnete ein düsteres Bild ihrer Lage: "Die Mennoniten, die eine Heimat in Zentralasien suchten ... haben ihre lange, mühsame Reise als völligen Fehlschlag empfunden, haben das wenige, was sie hatten, verloren, und ihre Freunde in Amerika helfen nun einigen von ihnen, in dieses Land zu kommen." (Herald of Truth, 15. Juli 1884) [..] Glücklicherweise verbesserten sich die Bedingungen für diejenigen, die geblieben sind. Die Bewohner der Siedlung Aulie Ata bildeten eine blühende Gemeinschaft, von der viele Nachkommen heute in Deutschland und Nordamerika leben." [24])

Bis zum Anfang des 20. Jahrhunderts waren die Mennoniten als geschickte Handwerker bestens bekannt, aus modernen Werkstätten lieferten sie Pferdewagen und Mobiliar. Sie unterhielten ein starkes Gemeinwesen, dass sich widerspiegelte in der gemeinschaftlichen Nutzung von Weideland, landwirtschaftlichen Geräten bis hin zum gemeinschaftlichen Beschaffungswesen. Der Erfolg blieb nicht aus: die im Kreis Aulie-Ata befindlichen Dörfer wurden durch ihre mustergültigen Ackerbau- und Viehzuchtmethoden in ganz Turkestan bekannt. Die ersten Erfolge bei der Züchtung einer neuen Rinderrasse, dem Darya-Rind, aus dem lokalen kasachischem Rind und dem Holsteiner Schwarzbunten Rind, bildeten die Grundlage zur Entwicklung von Käsereien und Molkereien. Seit 1935 wird ein Zuchtbuch geführt und 1950 wurde die Zucht offiziell anerkannt.

---

24 Plett, Irene, Briefe aus Tashkent, 2020, www.ireneplett/blog, 28.7.20

Buchara

Name: *Diorhabda persica,*
Fundort: **Buchara**
Funddatum: 1899

Vielleicht stehen Sie gerade darauf – auf einem Buchara? Oder zumindest bei Ihren Großeltern lag er? Ein Teppich der besonderen Güte. Der klassische Buchara-Teppich ist meist in dunkel- bis mittelroter Farbe gehalten und mit geometrischen Formen, Medaillons genannt, in regelmäßigem Muster verziert.

Die ersten Teppiche erreichten Europa als Reiseandenken Alexander des Großen - oder soll man sagen, als Kriegsbeute? Ein solcher Teppich ist ein nützlicher Gegenstand, der als Bodenbelag und Decke gegen die Unbilden der Kältesteppen Innerasiens die Jurte der nomadisch lebenden Hirtenvölker isoliert. Es ist leicht vorstellbar, wie das dichte, kurze Fell der Ziegen als Vorbild für den dichten Flor eines geknüpften Teppichs gedient haben könnte.

Ein anderes Textil, das den Weg aus dem fernen Osten in den Westen fand ist die Seide. *„Der ursprünglich in China beheimatete Seidenspinner Bombyx mori wurde vor rund 5000 Jahren domestiziert. Seine Larven, die Seidenraupen, spinnen sich zur Verpuppung in ein Seidengespinst ein, das aus einem einzigen, mehrere Hundert Meter langen Faden besteht. Zur Seidengewinnung wird der Kokon samt der darin befindlichen Puppe gekocht und der Spinnfaden anschließend abgewickelt. Für die Raupenzucht werden spezielle Zuchttiere gehalten. Das Weibchen legt nach der Paarung mehrere Hundert Eier, aus denen neue Raupen schlüpfen."* [25])

Begleitet wurden diese beiden Kostbarkeiten von Jade, Gewürzen, Porzellan, Schießpulver, Mongolen, Pest, medizinischen Kenntnissen, Rechenkünsten und Nachrichten, die immer wieder und immer öfter im mittelalterlichen Europa auftauchten. So war es schließlich nur eine Frage der Zeit bis sich Menschen aus Europa auf den Weg machten und die Quelle all dieser Dinge zu finden, schlicht, man wollte das noch sagenhafte ferne Indien finden.

---

[25] Max Plank Gesellschaft Jena, web-site

Der Handel in Europa war schon gut gediehen, zudem war aus den Legenden von Alexander, den Beschreibungen der Griechen und Römer, den Berichten der Kreuzzüge hinlänglich bekannt, dass die Welt nicht hinter Konstantinopel zu Ende ist. Allen voran die führende Handelsstadt Venedig. So machten sich 1271 drei Männer auf den Weg: Marco Polo mit seinem Vater Nicolo und seinem Onkel Maffeo, den Großkhan zu besuchen und das erbetene heilige Öl zu bringen: Nicolo und Maffeo waren in Konstantinopel einem Abgesandten dieses Herrn begegnet.

Sie reisten Richtung Südosten nach Hormus und wollten dort eigentlich mit Schiffen nach Indien reisen, verzichteten jedoch darauf als sie die Schiffbaukunst näher betrachteten. So ritten sie also Richtung Persien. Schließlich blieben sie 17 Jahre im Dienst des Großkhan in Karakorum.

Lange Jahrhunderte wurde der Bericht Marco Polos über diese am Ende 24 Jahre dauernde Reise als Phantasieprodukt abgetan. Erst in den vergangenen 20 Jahren hat die Forschung chinesischer Wissenschaftler die Wahrheit der Reisebeschreibung bestätigt: Marco Polo hat in seinem Reisebericht Kenntnisse beschrieben, die er nur durch die Arbeit im System des Khan erlangt haben konnte.

Mit dem Reisebericht des Marco Polo trat der europäischen Bevölkerung erstmalig die Erwähnung einer Handelsroute bis nach China (nach Indien waren die Polos nicht gelangt) ins Bewusstsein. Genaugenommen sind es mehrere Wege, die von Europa in den fernen Osten und wieder zurückführen, es gibt und gab aber immer eine Hauptroute. Diese heißt heute „Seidenstraße". Der Begriff wurde 1855 vom deutschen Geographen Ferdinand von Richthofen geprägt. Buchara war, neben Samarkant, eine der großen Handelsstädte an dieser Route.

Heute hören und lesen wir von der neuen Seidenstraße.

Samarkand

Name: *Zonitis baltionis*, Latr.
Fundort: **Samarkand**
Sammler: Reitter

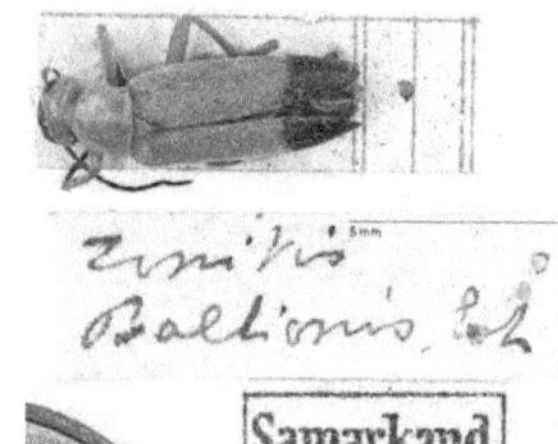

Perle der Seidenstraße - so wird diese sagenumwobene Stadt genannt, eine der ältesten Städte der kulturellen Welt, Schnittpunkt der Weltkulturen, steinerne Stadt. Schon 750 v. Chr. wurde hier eine Oasenstadt gegründet.

Im 15. Jahrhundert erlangte ein Mann den Herrscherthron, der alles andere als das sein wollte: Ulugh Bek. Sein Vater, Schah Ruchs, Sohn des Tamerlan, setzte ihn 15-jährig als Stadthalter ein, da er die Hauptstadt Herat nicht aufgeben wollte. Als Herrscher war Ulugh Bek wenig erfolgreich, stellte er doch die Wissenschaft über den Glauben und vernachlässigte seine Pflichten als Sultan.

Er beschäftigte sich lieber und hauptsächlich mit Astronomie und Mathematik, Kunst und Poesie folgten und dann erst das Studium des Koran. Dazu gründete er eine eigene höhere Lehranstalt (Medresa), baute ein Observatorium. Dort kalkulierten die Wissenschaftler unter seiner Anleitung das siderische oder Sternenjahr: es bezeichnet die Zeit für einen Umlauf der Erde um die Sonne in Bezug zu einem Fixstern. Die Berechnungen waren so genau wie nie zuvor erreicht, und weisen gegenüber unseren heutigen Berechnungen des Sonnenjahres (der bezogene Fixstern ist hier die Sonne) einen Fehler von nur 58 Sekunden aus. Dazu erstellten seine Wissenschaftler einen Sternenkatalog mitsamt der Positionsangaben von über 1000 Sternen.

Er stellte somit die Naturwissenschaft über die Religion, rationale Forschung vor individuelle Spiritualität. Damit war Ulugh Bek seiner Zeit weit voraus.

Die volksnahe Geistlichkeit war nicht davon begeistert. Hatte nicht Mohamed selbst für die Berechnung der Fasten- und Pilgerzeiten die Wiederverwendung des Mondkalenders angeordnet? Und damit der spirituellen Erfahrung zum Mittelpunkt des Lebens jedes Einzelnen gemacht? Das christliche Osterfest übrigens richtet sich noch heute nach dem Mondkalender: gemäß Konzil von Nicäa 325 n.Chr. findet Ostern am ersten Sonntag nach dem erste Vollmond nach Frühlingsanfang statt.

Croisière Jaune

Name: Chrysocharis asiaticus; Fö.
Fundort: Ha mi Sinkiang
Datum: 28-VI-31
Sammler & Besitzer: A.F.Reymond
Citroën Center-Asie

Hallo - was ist das? Was hat ausgerechnet d i e s e Auto-Marke mit dem kleinen Käfer zu tun? Kaum stellte ich mir diese Frage fanden meine Finger auch schon wieder die Tastatur – da!

André Citroën war ein Autokonstrukteur. Er bastelte eines Tages ein seltsames Gefährt zusammen, ein Halbketten-Fahrzeug. Sieht aus wie ein Jeep, und sollte auch ein Geländewagen sein: vorne eine Achse, hinten 3-5 Achsen dicht beieinander und übereinander mit kleineren Reifen und diese wiederum mit einer Kette verbunden. Wenn ich das meinen älteren Bekannten erzählte, nickten die nur, die Fahrzeuge waren der Großelterngeneration durchaus geläufig.

Um den Wagen und die Marke Citroën bekannt zu machen, veranstaltete Citroën mehrere Expeditionen. Louis Audouin-Dubreuil, ein erfahrener Offizier des französischen Militärs und Expeditionserfahren hatte die Idee, diesmal auf den Spuren Marco Polos zu reisen, eine „Gelbe Expedition" – eine Durchquerung Asiens. 12.000 Kilometer durch den Himalaya, die Wüste Gobi, durch China und zurück.

Am 4.April 1931 starteten in Beirut 48 Männer aus Gesellschaft und Wissenschaft in 14 Halbkettenfahrzeugen. Leitung dieser Reise hatten die Herren Georges-Marie Haardt, Generaldirektor bei Citroën und Auduin-Dubreuil. Die Reiseschar war illuster, die Besatzung bestand aus Wissenschaftlern, Journalisten, Archäologen, Geologen, Geographen, Historiographen, Ärzten: der luxemburgische Archäologe und Orientalist Joseph Hackin vom Guimet Museum, der französische Geologe und Paläontologe Pierre Teilhard de Chardin, der französische Entomologe André Reymond, der russische Kunstmaler Alexandre Jakoleff, der Geschichtsschreiber Georges Lefèvre, der Dokumentarfilmer André Sauvage und schließlich der britische Naturforscher Maynard O. Williams von der National Geographic Society.

Die Expedition wird in 2 Gruppen aufgeteilt, die nördliche Route „Pamir" führt über Afghanistan, Indien und Kaschmir nach China, die südliche Route durchquerte die Wüste Gobi. Eine mörderische Tour: Unruhen in Afghanistan, Verbot zur Durchquerung der gerade abtrünnig gewordenen Provinz Sin Kian (heute Uigurien), Kriege und Rebellionen überall. Die Überquerung des Himalaya bietet steile Pässe und weiche Böden. Schmale Trampelpfade machen es erforderlich, die Fahrzeuge zu zerlegen, mit Eseln und Trägern in Einzelteilen über Pässe und durch Schluchten zu schleppen und sie anschließend wieder zusammen zu schrauben. Die Temperaturen fielen nachts auf bis zu minus 30 Grad, mit Folgen für Männer und Fahrzeuge.

Aufgrund der Strapazen verlassen einige Teilnehmer die Expedition und bringen die gesammelten „Schätze" schon mal nach Frankreich. Es kommen neue Teilnehmer und 4 Ersatzwagen.

Auf der Fahrt nach Peking wird die Gruppe aufgrund kriegerischer Auseinandersetzungen mit rebellischen Volksgruppen (chinesischer Bürgerkrieg!) unter Beobachtung gestellt. Bei der Überquerung des gefrorenen „Gelben Flusses" bricht ein Wagen ein und muss geborgen werden, das dauert einen Tag. Die Teilnehmer werden überfallen und in eine Schießerei verwickelt. Schließlich stirbt der Expeditionsleiter Haardt an einer Lungenentzündung.

Die Expedition wird als Film ein Kassenschlager.

Weitere Expeditionen waren:

1922-1923: Die Sandkreuzfahrt: Auf dem Weg nach Timbuktu
1924-1925 Die Schwarze Kreuzfahrt: Auf den Spuren der Entdecker des 19. Jahrhunderts
1934 Die weiße Kreuzfahrt: Angriff auf die Rocky Mountains

Beinahe ....

Name: *Hydroporus elegans*, Clairville
Fundort: Pont d´Avignon
Funddatum: **31.12.1900**
Bestimmt: S. Claire Deville
Eigentümer: Dr. Guignot

Oder der „Jahrhundert (wende) Käfer" – wirklich?

Dieses Objekt führt das Datum 31-XII.1900. Silvester 1900. Der nächste Tag war der 1. Januar 1901. Um jedoch als Jahrhundertwendekäfer zu gelten, müsste dort das Jahr 1899 stehen!

Wie schnell man sich doch täuschen lässt!

Nun könnte Jemand auf die Idee kommen, das Schild zu „korrigieren" und daraus 1899 machen – wäre gar nicht so schwer – dann wäre es tatsächlich ein Jahrhundert – wende - Käfer. Doch nein – das geht nicht!

Es wäre nämlich eine Urkundenfälschung. Die kleinen, oft unscheinbaren oder hinfälligen Schildchen an den Objekten sind Zeitdokumente. Die Historiker unter den Lesern wissen das.

Hat nun aber der Sammler tatsächlich dieses Käferlein am Silvestertag gefunden, aufgelesen und seiner Sammlung hinzugefügt? Oder war es der Tag, an dem er das Käferlein bestimmte, aufklebte und das Schild dazu schrieb? Man kann es nur ahnen – im Sommer wird gesammelt und im Winter, an einem trüben, regnerischen Tag am Jahresende, in Erwartung der Silvesterfeierlichkeiten – während die Anderen das Silvestermahl richten und die Tafel schmücken - da kann man schnell mal ins Kabinett gehen und einige Käferlein aus den sommerlichen Fängen des Freundes präparieren, bestimmen, beschildern und dokumentieren.

Wie schwierig namentliche Zuordnungen sein können, zeigt dieses Beispiel auch: ob der Autorenname „Clairville" mit dem Sammlernamen „S. Claire Deville" ein und dieselbe Person waren, blieb bis zur Drucklegung offen. Es bieten sich an: Joseph Pilippe de Clairville, ein französischer Botaniker und Entomologe, Henri Étienne Saint-Claire Deville, ein französischer Chemiker, sein Bruder Charles Joseph Sainte-Claire Deville, Geologe und Meteorologe. Und noch einige mehr...

der die das Älteste

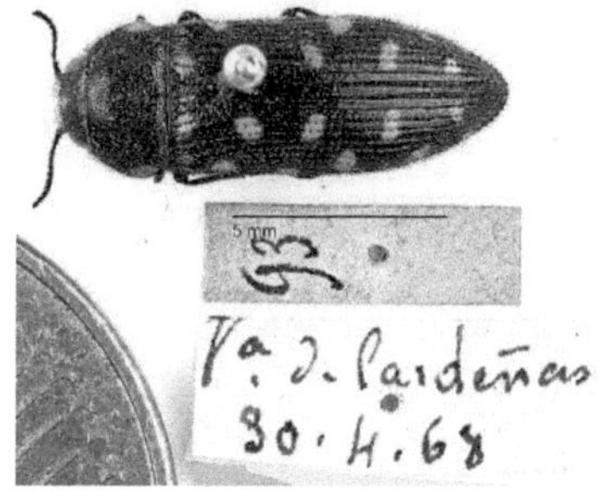

Name: *Acmeodera octodicemguttata,*
                                    Pill.& Mitt.
Fundort: Valle d. Gardeñas
Funddatum **30.4.1868**

Erst wenige Jahre zuvor hat Charles Darwin seine Theorie der Entwicklung der Lebewesen veröffentlicht, der deutsche Staatenbund feiert sein 20-jähriges Jubiläum. Seit dem Fund haben in Europa 3 Kriege getobt, 5 Generationen sind darüber geboren und verstorben, und doch hat diese kleine Mumie alle Widrigkeiten überstanden und wir dürfen sie hier nun bewundern. Am Ende kommt Einer, schneidet sie auseinander um Material für eine DNA- Analyse zu gewinnen....

Kann man aus solchen alten Objekten überhaupt noch genug Material gewinnen, um DNA Analysen machen zu können? Der betrachtende Laie zweifelt, der Fachmann sagt ja.

Aber woher wissen wir, dass dieser kleine Käfer nicht vielleicht _19_ 68 aufgefunden wurden? Für diese Festlegung braucht es Erfahrung und Richtlinien. Das entsprechende Regelwerk ICZN (s. Kapitel Etiketten) wurde erst ca. 1905 verbindlich beschlossen.

Auch lässt sich nicht feststellen, wer der Sammler war, da auch dies nicht vermerkt ist. Lediglich mit Hilfe einer Handschriftenstudie ließe sich ein möglicher Sammler ermitteln. Wobei auch das nicht sicher wäre, vielleicht wurde der Käfer an einen erfahrenen Sammler zwecks Bestimmung der Art weitergegeben, der dann schließlich das Schildchen geschrieben hat.

Klar, es gibt wesentlich ältere Gegenstände von noch wesentlich älteren Sammlungen – aber warum heben wir das alles eigentlich auf? Sammlungen selbst sind schon für sich Geschichte, nicht nur die Gegenstände darin. Die Wanderung von Sammlungen und ihrer Inhalte lassen für uns Geschichte lebendig werden. Jeder hofft, wie schon unsere Vorfahren, dass irgendetwas von ihm bleibt und Zeugnis von seinem Tun und Sein weiterträgt. Jede Generation hofft darauf, dass die nachfolgende Generation nicht dieselben Fehler macht, wie die eigene. Erst eine Sammlung alter Käfer lässt erkennen, wie sich Käfer entwickelt und verbreitet haben. Diese, oft so unscheinbaren, kleinen schwarzen Käferlein sind Indikatoren des Zustands unseres Lebensraumes.

Zeitleiste

Name: *Agonum thoreyi*, Dej.
Sammler: Berger
Funddatum: **28.4.1963**
Fundort:
Bickenbacher Moor in Süd-Hessen

Und hier das jüngste Objekt. Der Zeitraum, dem die Objekte der Thünen-Sammlung entstammen, reicht vom ältesten Objekt aus dem Jahr 1868 bis zum jüngsten Exemplar aus dem Jahr 1963- fast 100 Jahre.

Man kann das als Information abspeichern und fertig.

Aber viel interessanter erscheint es, diesen Zeitraum näher zu untersuchen und ggf. auch die Vorgeschichte. Denn: nur wenige Jahre zuvor (1855) hatte Charles Darwin gerade erst seine Theorie zur Entwicklung der Lebewesen veröffentlicht und damit eine weltweite wissenschaftliche Diskussion entfacht, die bis in unsere Zeit reicht. Die Suche nach Objekten, diese Theorie zu untermauern oder zu widerlegen war Anlass (neben vielen anderen), umfangreiche Sammlungen von Lebewesen aller Art anzulegen. Man wollte es eben wissen!

Der 1707 geborene schwedische Naturforscher Carl von Linné war der Mensch, der die Basis dafür schuf, wie wir Wissenschaftler heute Lebewesen sortieren. Die Zeit der Aufklärung war in vollem Gange. Er starb ein Jahr vor der französischen Revolution (1779), d i e geschichtliche Zäsur zur Moderne. Der Französischen Revolution folgte die Zeit des Biedermeier und Vormärz. Lessing, Schiller und Goethe bevölkerten die Bühnen dieser Welt, die Verkündigung von Freiheit, Gleichheit, Brüderlichkeit brachte die Menschen dazu, ihre eigene Position in der Natur-Welt neu zu begreifen – der Mensch nahm sich zunehmend als gleichwertiger Bestandteil der umgebenden Natur wahr, der den gleichen Lebensbedingungen unterliegt wie die Tiere und Pflanzen draußen vor der Tür – man war gewissermaßen geistig auf der Erde angekommen. Das rasant wachsende Druckerei- und Verlagswesen brachte Wissen und Neu-interpretationen zu Papier und in Form von Zeitungen, Aufsätzen und Büchern unter die Leute. Es kam eine Zeit der Reiseberichte. Der sich ausweitende Handel über die Ozeane brachte neue Kunde von fernen Ländern, es folgten Expedition auf Expedition.

Wer nicht lesen konnte, ließ sich vorlesen was in der Welt geschah. Es entstanden vielerlei Gruppierungen vom Kaffeekränzchen (so ging die Käfersammlung des Rud. Brinckmann, Königsberg, an das „entomologische Kränzchen" [26]) und Lesezirkel über Vereine bis hin zu neuen Lehrstühlen in den Universitäten.

Das 19. Jahrhundert war die Zeit der Vereinsgründungen, naturkundliche Gesellschaften und Vereine schossen wie die Pilze aus dem Boden. Nationen wurden gegründet, der Deutsche Bund geschlossen. In der Zeit eines Wilhelm von Humboldt und seines kleinen Bruders Alexander ward das Bildungsbürgertum geboren: der eine reformierte das Schulsystem und Bildungswesen des preußischen Staates, der andere sammelte Informationen über die Welt, schleppte sie nach Hause und schuf ein umfassendes Werk: „Naturae".

Volkslieder werden gedichtet und gesungen, Jedermann geht am Sonntag an die Luft ins Grüne, der Wandervogel zieht in die Gegend und beguckt die Natur. Es folgten 3 große Kriege (1870/71, 1914-18, 1939-45), einer verheerender als der andere.

Dem letzten großen Krieg, dem 2. Weltkrieg, fielen vor allem in Mitteleuropa Museen und Forschungsanstalten zum Opfer. Der Liebe zur Natur verdanken wir, dass kleine wie große Sammlungen von Privatleuten gerettet wurden: Museums- und Labormitarbeiter nahmen sie einfach mit und versteckten sie in Häusern und Kellern weit auf dem Land, in U-Bahnschächten und sonstigen kleinen und großen Unterbringungsmöglichkeiten. Selbst die Zootiere wurden durchgefüttert.

---

[26] Horn & Kahle, Sammlungen, welche ihre Eigentümer gewechselt haben, Entomologische Beihefte Bd.2, Berlin 1935

- heute
- **2000**
- **1963 jüngstes Objekt Thünen Sammlung**
- 1955 * Wiebke
- 1945 2.WK Ende
- 1944 Kauf Insektensammlung
- 1939 2.WK Beginn
- **1931 Gründung Forstinstitut**
- 1930 Theorie der Plattentektonik Alfred Wegener
- 1929 Schwarzer Freitag
- 1923 Gründung Türkei
- 1919 Versailler Verträge
- 1918 1. WK Ende
- 1917 Russische Revolution
- 1914 Attentat v. Sarajevo, Weltkrieg
- 1908 Fauna Germanica
- 1898 Vogelwarte Rossitten
- 1890 Helgoland-Sansibar-Vertrag
- 1883 Orient Express
- 1883 Bismarck, Krankenversicherung für Arbeiter
- 1870/71 Gründung Deutsches Reich
- 1869 Eröffnung Suezkanal
- **1868 ältestes Objekt Thünen Sammlung**
- 1867 Marx: Das Kapital
- 1855 Darwin: Evolutionstheorie
- 1850 Tod J.H.v. Thünen
- 1848 Nationalversammlung Paulskirche
- 1834 Gustav Schwab: griechische Mythen
- 1829 Goethe: Faust
- 1824 Beethoven: Ode an die Freude
- 1815 Deutscher Bund
- 1815 Napoleon Waterloo
- 1804 Napoleon: Code Civil
- 1789 Französische Revolution
- 1783 Geburt J.H.v. Thünen
- 1778 Tod C.v. Linné
- 1776 James Cook, Neue Hebriden
- 1772 Lessing, Nathan der Weise
- 1767 Bougainville, Reise um die Welt /Entdeckung Tahiti
- 1740 Steller, Kamtschatka
- 1735 Linné: systema natura (binominale Nomenklatur)
- 1722 Bach: das wohltemperierte Klavier

Novara

Name: *Mesocarabus granulatus*
Fundort: Pomeranic All.
Besitzer: **Hochstetter**

Wer sich mit einem Sammler Hochstetter befasst, wird bald auf die NOVARA Expedition stoßen, die er begleitet hat. Allerdings gibt es mehrere Hochstetters. Leider konnte mangels weiterer Informationen wie z.B. ein Sammeldatum, nicht ermittelt werden, um welchen der Hochstetters es sich hier genau handelt. Was nicht hinderlich dafür sein soll, über die NOVARA-Expedition zu berichten.

Am 30. April 1857 verließ die österreichische Segelfregatte „Novara" den Hafen von Triest, der damals zu Österreich gehörte. An Bord eine Reihe namhafter Forscher und Wissenschaftler, so auch der Geologe Ferdinand von Hochstetter. Sie nahmen die übliche Route durchs Mittelmeer, westlich an Afrika entlang, um das Kap der guten Hoffnung weiter gegen die Erddrehung durch den indischen Ozean, Südsee, nach Valparaiso, Kap Hoorn und ging am 26. August 1859 in Triest wieder vor Anker. Diese gegen den Uhrzeigersinn geführte Umfahrung des Erdballs führt zum Gewinn eines Tages! Das Phänomen dieser Datumsgrenze wurde von Jules Vernes in seinem Roman „In 80 Tagen um die Welt" aufgegriffen.

Der wissenschaftliche Ertrag war beträchtlich und wurde in einem 21-bändigen Werk veröffentlicht – ein Weltbeststeller. Ein sofort nach der Ankunft eigens geschaffenes Novara-Museum zog tausende Neugierige an. Die Expedition erbrachte weltweite Forschungsergebnisse auf allen Gebieten: Organisationsfragen einer Expedition mit medizinischen Aspekten die Mannschaft betreffend, Statistik und Kommerz, anthropologisch- ethnografische Ergebnisse, linguistische Untersuchungen, Geologie, Medizin, Nautik, Meteorologie, Magnetismus usw. – alles hatten die fleißigen Wissenschaftler untersucht und endlose Tabellen, Beschreibungen und Zeichnungen angefertigt. Ganz zu schweigen von den Sammlungen an Tieren und Pflanzen, Steinen und Kulturgegenstände. Bewundert werden kann die Ausbeute heute noch im naturhistorischen Museum zu Wien.

Der Geologe Hochstetter hat bei dieser Expedition sein Können gezeigt: er blieb in Neuseeland zurück um als Erster das Land zu kartographieren und geologisch zu erkunden.

Neuholland

Name: *Lamprima latreillei*, McLeay
Fundort: **Nelle Hollande**

Als Marco Polo 1292 von China nach Venedig zurück segelte, berichtete er über ein südlich von Java liegendes Land voller Gold und Muscheln. Den Chinesen soll dieses südliche Land bekannt gewesen sein, besaß der Khan doch ein Tier mit nur 2 Beinen und dem Kopf eines Rehs und einem zweiten Kopf am Bauch.

Schon seit der Antike vermutete man bereits einen Kontinent im Süden. Diese Ansicht geht auf die von den Griechen entwickelte Theorie zum Gleichgewicht der Erdkugel zurück. *„Pythagoras und auch Aristoteles glauben um 600 v. Chr. fest an die südliche Antipode, ohne die Theorie freilich beweisen zu können. Auch der Astronom und Mathematiker Ptolemäus findet rund 500 Jahre später Gefallen an der Idee. Er zeichnet Terra Australis Incognita in eine Karte ein, die Vision bekommt erstmals Gestalt.“*[27]

Sie malten auf ihren Karten Südafrika soweit weiter nach Osten, bis es Indien erreichte und der Pazifik damit zum Binnenmeer wurde. Selbst als die Umsegelungen des „Kap der guten Hoffnung" (Afrika) und des Kap Hoorn (Südamerika) den Beweis erbracht hatten, dass die Spitze von Afrika nicht bis Indien reichte, hielten die Wissenschaftler an ihrer Theorie fest, auf der Südhalbkugel müsse ein weiterer großer Kontinent existieren. Über seine Existenz wurde in einigen Karten seit dem 5. Jahrhundert unter der Theorie der "balancierenden Hemisphären" spekuliert. Dieser selbständige, fantastische südliche Kontinent sollte südlich von Afrika und Südamerika die gesamte Erde bedecken um den Ländermassen der nordischen Erdhälfte ein Gleichgewicht zu bieten.

Und wie es so ist, irgendwann machte sich Einer auf die Suche danach. Während des Goldenen Zeitalters der niederländischen Erkundungen und Entdeckung heuerte 1633 der Matrose Abel Tasman bei der niederländischen Ostindien Companie (VOC) an. Beim Abschluss seines 2. Vertrages wurde er bereits

---

[27] Schäfer, Dirk, Entdeckung eines Entdeckers, SZ 2.Juni 2010

mit dem Kommando über ein Schiff betraut und segelte von Japan aus gen Südosten mit dem Auftrag, zunächst das goldene Chile zu erkunden und später dann nach dem sagenhaften Südkontinent zu suchen. Er sollte im Namen der VOC Neuholland erforschen und feststellen, ob es sich bei der bisher bekannten Küstenregion um einen Teil der sagenhaften „Terra Australis Incognita" handelt. Man erhoffte sich neue Handelsbeziehungen.

Von Westen kommend verfehlte Tasman zunächst den Kontinent Australien, er traf nur auf die Insel an der Südspitze (heute Tasmanien). Weiter ostwärts segelnd entdeckte er dann stattdessen Neuseeland. Heute ist bekannt, dass er gewissermaßen südlich an Australien vorbeigesegelt ist, der vermutete Südkontinent war also kleiner, als angenommen.

James Cook, von seinem König ausgeschickt, Neu Seeland, unter dessen Namen die Terra Australis vermutet wurde, für die englische Krone in Besitz nehmen, bedurfte mehrerer Anläufe, bis er endlich einen passenden Landstrich kartographierte und als „South Wales" für England vereinnahmte.

Später beanspruchten weder die Niederländer noch die VOC Territorien in Australien für sich. Mehrere niederländische Expeditionen kamen zu dem Schluss, dass das Land mangels Wassers und fruchtbaren Bodens für eine Kolonisierung ungeeignet war.

Blieb die Theorie der „balancierenden Hemisphaeren". Australien erschein einfach zu klein um als das gesuchte Gegengewicht der nördlichen Landmassen zu gelten. Die Erkundungen des 17. und 18. Jahrhunderts haben zwar die Lage Australiens auf die südlichen Breitengrade eingeschränkt, die extremen Wetterbedingungen und Packeisfelder machten jedoch weitere Erkundungen der Region lange unmöglich. Die Antarktis wurde erst spät entdeckt und auch eher zufällig, dann aber gleich mehrfach. 1820 sichteten jeweils 1 russischer und ein britischer Kapitän sowie ein US-amerikanischer Robbenjäger den antarktischen Kontinent. Und dann ging alles ganz schnell, ein Wettlauf von Erforschung und Inbesitznahme entbrannte. Doch das ist eine andere Geschichte.

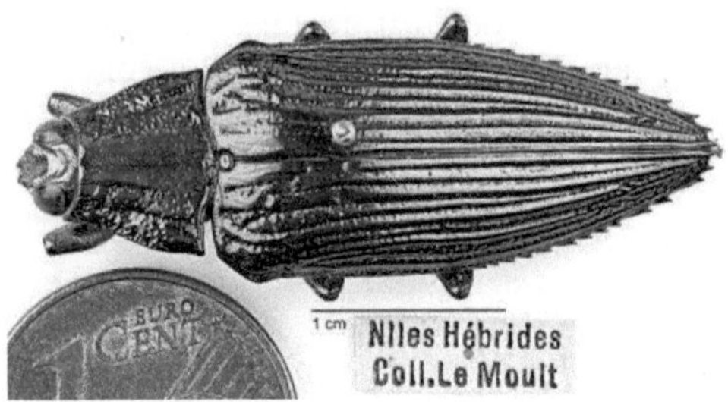

Neue Hebriden

Name: *Paracupa lemoulti*, Kerr.
Fundort: **Niles Herides**
Besitzer: Coll Le Moult

Als James Cook auf seiner dritten Erkundungsreise des Südlichen Kontinents 1774 diese Inselgruppe fand und für die englische Krone vereinnahmte, fühlte er sich in ihrer Rauheit so an die „Äußeren Hebriden" vor der nordwestlichen Küste Schottlands erinnert, dass er sie kurzentschlossen „Neue Hebriden" taufte. Seit 1980, dem Ende der Kolonialherrschaft Englands, gehören die ca. 60 Inseln zusammen mit weiteren Inselgruppen dem Inselstaat „Vanuatu" an.

Die Erkundungen dieser, sowie der Inseln Polynesiens und Melanesiens, erbrachten wertvolle biologische Erkenntnisse und Sammlungen.

Mit an Bord bei Cook waren die Herren Johann Reinhold Forster und sein Sohn Georg Forster. Auf allen Inseln fanden die Seefahrer Menschen, Ureinwohner, es kam zu freundschaftlichen Kontakten. Forster machte völkerkundliche Beobachtungen und Entdeckungen. Cook betrachtete diese Menschen zwar nicht als ebenbürtig, stellte aber fasziniert fest, dass sie, trotz Unkenntnis kultureller Annehmlichkeiten glücklicher als die Europäer seien.

Die Feststellung der umfangreichen Besiedlung all dieser kleinen und kleinsten Inseln löste in der europäischen Wissenschaft heftige Spekulationen über die Frage der Erstbesiedlung des pazifischen Großraumes aus. Dabei geriet die Theorie eines untergegangenen Großkontinents namens Lemuria zwischen Madagascar und Vorderindien wieder in den Blickwinkel.

Die Bezeichnung Lemuria geht zurück auf den Geologen Philip Slater. Schon Ernst Häckel und weitere Wissenschaftler hatten eine Landbrücke zwischen Madagaskar und Indien postuliert. Eine Landbrücke erschien notwendig, um die Verbreitung der Lemuren, einer Halbaffenart, auf Madagaskar sowie in Vorderindien gleichermaßen zu erklären.

Man ging nun daran, den auf Karten zwischen Madagascar und Vorderasien eingezeichneten Kontinent Lemuria bis nach

Südamerika zu vergrößern. Es entstand ein Superkontinent, später auch als Gondwana bezeichnet.

Eine andere aufgekommene Theorie basierte auf den Übersetzungen von Maya-Aufzeichnungen. Demnach ist die Maya-Zivilisation älter als die der Ägypter und der Atlanter (Atlantis). Überlebende Atlanter hätten den versunkenen Kontinent „Mu" im Pazifik besiedelt. Obgleich sich die entsprechende Übersetzung der Maya als falsch erwies, besteht die Theorie zu diesem Superkontinent Mu nach wie vor.

Ebenso wie bereits Atlantis, wurden auch Lemuria und Mu von esoterischen Strömungen aufgegriffen. So schreibt die bekannte Okkultistin Helena Blavatsky in ihrer „Geheimlehre" von 1888 (eine Antwort auf die Theorie des Charles Darwin), dass die Eigenschaften der „Lemurier" und „Atlantier", jenen „Kinder des Himmels und der Erde", etwas gehörte, das als Zauberei bezeichnet werden kann. Für sie galten die Lemurier als Urahnen der heutigen Menschen. Nach Rudolf Steiner, dem Begründer der Theosophie (zusammen mit Helena Blavatsky) und der daraus entwickelten anthroposophischen Denkrichtung und Weltanschauung, handelt es sich nicht um eine Landbrücke, sondern um ein Kontinentalgebiet, auf dem sich der Mensch in seiner Lemurischen Zeit entwickelte.

Wie dem auch sei, die Theorie der Plattentektonik hat einiges dazu geklärt.

Und dennoch gibt es Forschungsergebnisse wie z.B. Verbreitungsgebiete bestimmter Süßwasserfische, Frösche und Echsen auf weit voneinander entfernt liegenden Inseln, die aber kein Salzwasser vertragen. Auch Spinnen und Schnecken aus Amerika und Asien, die auf einsamen Pazifikinseln vorkommen, lassen eine vorzeitliche Landverbindung vermuten, ohne dass es gleich ein ganzer versunkener Kontinent gewesen sein muss.

Nova Teutonia

Name: *Bostrichtopsis tonsa*, Imhoff
Fundort: **Nov. Teutonia**, Rio Grande

Bitte ein „Café Colonial"! Brot, Butter, Käse, Schinken, Wurst, Pasteten im Teig, Bockwurst, eingelegtes Gemüse, eine Suppe, *Schmier* (die „deutsche" Marmelade in Brasilien), Honig, Kuchen, Torten, Kekse, Milch, Kaffee, Kakao - die junge brasilianische Studentin neben mir ist ganz verzückt vom kolonialen Frühstück!

„Ab dem 19. Jahrhundert und vor allem mit der politischen Emanzipation in Brasilien in den 1820er Jahren kam die Einwanderung auf die (geo)politische Tagesordnung des brasilianischen Kaiserreiches. Auf politischer Ebene versuchte man die Sklaven durch europäische Einwanderer zu ersetzen, um Arbeitskräfte für die Kaffeeplantagen zu erhalten, Landwirte in den sich bildenden Kolonialzentren bereitzustellen und die so genannten „demographischen Leerräume" in den Grenzgebieten zu besiedeln. Die Unternehmen und Infrastrukturen, die aus dem Sklavenhandel stammten, beispielsweise Unternehmen, Reedereien, Kontakt- und Geschäftsnetze wurden genutzt, um den massiven Migrationsströmen von Europäern nach Amerika Herr zu werden. Es handelt sich um Phänomene eines sich selbst verändernden Systems. Allerdings ging nur ein kleiner Anteil der europäischen Auswanderer, darunter auch Deutsche, nach Brasilien. [..]

Die Beweggründe deutscher Auswanderer lassen sich in den Kontext der allgemeinen europäischen Auswanderung einordnen, sie waren von politischen, wirtschaftlichen, sozialen und kulturellen Veränderungen motiviert. Mit dem Voranschreiten des industriellen Kapitalismus und der damit einhergehenden Auflösung von Feudalstrukturen setzte sich der Auswanderungsgedanke und der amerikanische Traum angesichts einer offenen Grenze durch. Gefördert wurde dies durch die Entwicklung des Schienentransports und der Dampfschifffahrt[..]
[..] Eine verstärkte Einwanderung erfolgte nach 1850, als die Regierungen der Bundesstaaten die Verantwortung für die Kolonialisierung übernahmen [..]" [28]).

Nova Teutonia ist heute touristisch erschlossen und als Feriendomizil begehrt.

---

[28] Valdir Gregory, Zur deutschen Einwanderung in Brasilien, Kon. Adenauer Stiftung 2013

Theresopolis

Name: *Leptinopterus tibialis*, Eschscholtz
Fundort: **Theresopolis,** Sta.Catharina,
Sd.Brasil
Händler: H.Rolle Berlin W11

Deutsche Kolonien in Süd-Brasilien - nicht alle waren immer davon begeistert:

„Die Besonderheit der „deutschen Kolonien" lag nicht in der Siedlungsform, die auch von anderen Einwanderungsgruppen praktiziert wurde. [..] die deutschen Einwanderer passten ihre mitgebrachten Bräuche und Gewohnheiten an die neue Umwelt an – genauso wie ihre Arbeitsgeräte – [..] Die Besonderheit des kulturellen Subsystem der deutschen Siedler [..] spiegelt sich in den Ernährungsgewohnheiten wider, in der Wohnkultur, in der gesellschaftlichen Organisation, im Arbeitsethos, im Vereinsleben etc. sowie im täglichen Gebrauch der deutschen Sprache oder von Dialekten. Die Einrichtung von kommunalen und privaten Schulen, die zum Teil der katholischen oder lutheranischen Kirche angeschlossen waren, der Unterricht in deutscher Sprache sowie die Gründung von Schützen-, Gesangs- und Turnvereinen trugen ebenfalls zu einer markanten kulturellen Differenzierung bei.

Der deutsch-brasilianischen Identität wurde von den Anführern der Siedlergemeinschaften ein hoher Wert beigemessen [..]

Die Assimilierungsfrage war in der Einwandererpolitik (Brasiliens) immer Gegenstand von Debatten, gewann aber nach Ausrufung der Republik 1889 noch an Bedeutung. Denn jetzt wurde das Kolonisierungsmodell in Frage gestellt, da es in großen Gebieten des südlichen Brasiliens die Konzentrierung von Einwanderern gleicher Nationalität begünstigte, dir nur wenig Kontakt zu der brasilianischen Gesellschaft hatten. [..]

Abgesehen davon gab die Betonung der Zugehörigkeit zur deutschen Nation [..] Anlass zu Konflikten und Mutmaßungen über eine mögliche „deutsche Gefahr" welche die nationale Einheit gefährden könnte."[29].

Es ist schon interessant, wie das Argument der Überfremdung immer wieder Zuwanderungsbewegungen versucht zu steuern oder zu verhindern.

---

[29] Giralda Seyferth, Deutsche Einwanderung nach Brasilien, Brasilien heute. Geographischer Raum, Politik, Wirtschaft, Kultur. Frankfurt am Main, 2.vollst. neu bearb. Aufl. 2010

Colonia Hansa

Name: *Macraspis clavata*, Olivier
Fundort: **Colonia Hansa**, Sta.Catharina
Händler: Rolle, Berlin

... sagt Franz Giesebrecht:[30]
"Die Landwirtschaft in dem fast durchweg gebirgigen Südbrasilien ist völlig anderer Art als in Europa. Was zudem die Befürchtung anbetrifft, die deutsche Landbevölkerung könnte in größeren Massen auswandern, um sich in Südbrasilien selbstständig zu machen, so steht dem die Thatsache gegenüber, dass für die Familie immerhin größere Baarmittel dazu gehören, um die Kosten der Überfahrt und Niederlassung zu bestreiten. Es ist nicht anzunehmen, daß unsere deutschen landwirtschaftlichen Arbeiter durchweg so viel Ersparnisse besitzen, um nach Brasilien auswandern zu können, und vor allem, dass sie die Ersparnisse, die sie haben, einer immerhin ungewissen Zukunft nunmehr bereitwillig sofort zu opfern bereit sind. Dazu ist unsere Landbevölkerung viel zu konservativ veranlagt.

Allen derartigen, unerheblichen Bedenken stehen die kolossalen Vortheile gegenüber, welche die deutsche Nation in wirtschaftlicher und cultureller Beziehung von einer Besiedelung Südbrasiliens mit deutschen Colonisten haben kann. Es ist unverkennbar, dass wir unseren Handel und unsere Industrie in Südbrasilien ein Absatzgebiet zu schaffen vermögen, wie wir kein zweites in der Welt besitzen. Nicht minder werthvoll ist für uns das ideale Moment, das in der Ausbreitung der deutschen Cultur liegt. Aus allen diesen Erwägungen heraus hat denn auch die deutsche Regierung der „hanseatischen Colonialgesellschaft" im November 1898 die Concession ertheilt."

Anders als Nova Teutonia und Theresopolis ist von der Colonia Hansa keine Erinnerung geblieben und heute auch nicht als touristische Attraktion erhalten.

---

[30] Robert Gernhard, Dona Fransisca, Hansa und Blumenau, drei deutsche Mustersiedlungen im südbrasilianischen Staate Santa Catharina

Tring-Museum

Name: *Lamprina aenea*, F.
Eigentümer: **Museum Tring**

Brav arbeitete er als junger Mann im familieneigenen Betrieb. Doch dann besuchte er eines Tages eine Vorstellung vom Direktor der Zoologischen Abteilung des Naturhistorischen Museums in London, Albert Günther, und da war es um ihn geschehen! Er ließ die Finanzwelt hinter sich und widmete sich nur noch der Natur.

Er sammelte und sammelte und sammelte, so viel, dass Lionel Walter Rothschild, 2. Baron Rothschild (1868-1937) 1892 auf seinem Anwesen in Tring-Park die Türen zu seiner umfangreichen Sammlung von Tierpräparaten der Öffentlichkeit öffnete. Was er da in seinem Leben zusammengetragen hatte, ist nach Expertenmeinung eine der schönsten Sammlungen ausgestopfter Vögel, Säugetiere, Reptilien und Insektenpräparaten im vereinigten Königreich England.

Wie das so ist – wo wir unsere Sammlungen mühsam in kleine Alben kleben oder in Kästen klemmen und am Ende in den Keller tragen, können sich reiche Leute gleich ein ganzes Museum leisten.

„Rothschild - der Name dieser weitverzweigten jüdischen Bankiers- und Industriellenfamilie steht für Reichtum und Macht. [..] Doch am Namen Rothschild entzünden sich bis heute auch antisemitische Verschwörungstheorien und Hetzkampagnen.“ [31])

Er war so eifrig mit dem Sammeln, dass eine eigene wissenschaftliche Zeitschrift *„Novitates Zoologicae“* für das Museum herausgegeben werden konnte. Ferner finanzierte und nahm er an Expeditionen in der ganzen Welt teil, auf denen er viele Exemplare bis dahin unbekannter Vogel- und Schmetterlingsarten sammelte und in wissenschaftlichen Abhandlungen beschrieb. 1905 veröffentlicht Rothschild das Werk *„Extinct Birds“*, eine erstmalige Zusammenstellung ausgestorbener und seltener Vögel. Er hielt im Garten Känguruhs und ließ die Kutsche von Zebras ziehen.

Bekannt unter Zoologen ist heute vor allem seine Nichte, die britische Meeresbiologin Miriam Rothschild (1908-2005).

Natural History Museum at Tring, Akeman Sreet, Tring HP23 6AP England

---

31 Klaus T. Steindl, Die Rothschild-Saga, Universum-History Arte 6.11.22

Rossitten

Name: *Lipoptena Cervi L.*
Fundort: **Rossitten** Ostpreussen
Datum: 1947
Sammler: Zumpt

Im Herbst besuchte ich meine Freunde in der Marsch. Wir beobachteten große Vogelschwärme, tausende von Vögeln sind auf ihrer Reise nach Süden auf den Wiesen meiner Freunde und deren Nachbarn zwischengelandet um sich zu stärken. Wir stellten uns auf die Wiese und es war überwältigend: ein Schnattern, Schwirren, Rauschen, Donnern um uns herum, die Vögel nahmen keine Notiz von uns, ein Gefühl von Ehrfurcht und Kleinheit überkam uns.

So oder so ähnlich muss es 1896 dem Ornithologen Johannes Thienemann ergangen sein, als er bei einem Besuch auf der Kurischen Nehrung einen gewaltigen Vogelzug erlebte, wie er noch nie zuvor in Deutschland zu beobachten gewesen war. Die Flugrouten der Vögel, die das offene Wasser meiden, verdichteten sich hier flaschenhalsartig, bis zu 2 Millionen Vögel am Tag passierten diese Region. Und so regte er zwei Jahre später und unterstützt durch den wissenschaftlichen Mitarbeiter der Kaiserlichen Biologischen Anstalt für Land- und Forstwirtschaft, Georg Rörig, die Gründung der ersten deutschen Vogelwarte in Rossitten an.

Lehrer Thienemann widmete sich fortan seinen Forschungen am Vogelzug. Unter anderem führte er, in Anlehnung an den dänischen Ornithologen Hans Christian Cornelius Mortensen, die systematische Beringung von Zugvögeln ein: den Vögeln wurden dazu durchlaufend nummerierte Aluminiumringe angelegt, die eine Adresse angeben, wohin eine Rückmeldung gegeben werden soll, wenn der Vogel aufgefunden wird. Damit wurden für den Vogelzug bedeutende, bis heute gültige Ergebnisse erlangt und er handelte sich im Volksmund den Beinamen „Vogelprofessor" ein. Die Veröffentlichungen Thienemanns machten die Vogelwarte weltberühmt.

Infolge des 2. Weltkrieges 1944 wurde sie allerdings evakuiert und geschlossen. Später nahmen sowjetische Forscher die Arbeit an dieser Vogelwarte wieder auf und so versteht sich eine

russische Vogelwarte im heutigen Rybatschi als Nachfolge der
Vogelwarte Rossitten. Neben den verbliebenen Vogelwarten Hid-
densee und Helgoland gilt jedoch die 1946 wiedereröffnete Vogelwarte Radolfzell als eigentlicher Nachfolger der Vogelwarte
Rossitten.

Aber wenn wir uns schon in der Kurischen Nehrung in Ostpreussen befinden, reisen wir doch einige Kilometer weiter nach
Südwest, zum Frischen Haff. Ein kleiner Ort, Palmnicken, ursprünglich ein abseits gelegener Gutshof, hat hier eine wechsel-
volle Geschichte erlebt. Aus einem einzigen Grund: hier lagert
das „Gold der Ostsee", Ovid besang es als die „Tränen der Götter", die Ägypter gaben es ihrem Pharao mit ins Grab, die Griechen glaubten, es seien versteinerte Sonnenstrahlen. Wegen
seiner elektrostatischen Eigenschaften nannten sie es Elektron.
Einst verliebte sich die Prinzessin Jurate in einen armen Fischer und sie entführte ihn in ihr Bernsteinschloss auf dem
Grund des Baltischen Meeres. Ihr Vater, der Donnergott Per-
kunas war über diese Verbindung sehr ungehalten und er zer-
störte das Bernsteinschloss. Noch heute werden die Trümmer
an den Ostseestrand gespült. Die kleinen, die ganz gelben, sind
die Tränen der Jurate, wer sie findet, dem bringen sie Glück.
Seit 1308 mussten, bei Androhung der Todesstrafe, alle
Funde den Deutsch-Ordensrittern abgeliefert werden, sie unterhielten damit ihre Ordensburgen entlang der Ostseeküste.[32]
Auf allen Kontinenten sind Bernsteinvorkommen bekannt,
aber nirgendwo so viel (90% des Weltvorkommens) und in dieser
Qualität: bestechend die warmen, goldbraunen Farbtöne, faszi-
nierend zu sehen die kleinen Insekten, eingeschlossen in ihrem
ewigen Grab, einst angelockt vom verführerischen aromati-
schen Duft des flüssigen Harzes der Zedern, eine mystische Verbindung zu den Anfängen des Lebens.

---

[32] ZDF Terra X: der Bernsteinwald, 13.6.2016

Beresina

Name: *Ceruchus chrysomelinus* HW
Fundort: **Beresina**, Litauen
Funddatum: IX 1917
Sammler: Fehse
Bestimmt: C. Blumenthal

„Marie saß in einer Ecke und strickte an einem grauen Schal. Seitdem Sie von der eisigen Kälte der russischen Steppe gehört hat, strikt sie diesen Schal für Pierre. Wir haben keine Nachricht von ihm. Wie ertragen es die anderen Mütter? Marie strikt und der Schnee in Russland fällt unaufhaltsam weich und sanft und begräbt die Söhne. [33])

1812 zog Napoleon mit 600.000 Mann gen Moskau. 130 Jahre später zog Hitler mit 900.000 Mann in dieselbe Richtung.

Nachdem sich Napoleon halb Europa einverleibt hatte, wurde er größenwahnsinnig, sammelte neue Truppen und brach im August 1812 nach Osten auf. Moskau wollte er erreichen und den Zaren treffen, er erwartete vom Zaren schlicht die Übergabe Russlands. Mitte September war er angekommen, nach zermürbenden Schlachten, mit nur noch 100.000 Mann. Der Einmarsch war ein Kinderspiel, der Zar jedoch ließ sich nicht blicken, ganz im Gegenteil: Moskau brannte, brannte lichterloh, dass eine Überwinterung dort nicht denkbar war.

So blieb Napoleon nur der Rückzug. Aber immer neue Attacken der russischen Truppen, der einbrechende Winter, Krankheiten und mangelnde Versorgung schwächten seine Mannen weiter. Man wollte vor den russischen Truppen die Beresina erreichen, der Fluss galt als strategische Barriere vor den nachrückenden Russen. Plötzlich gerieten die restlichen Franzosen zwischen zwei russische Armeen – von den verbliebenen Soldaten kamen kaum 40.000 über den Fluss.

[..] Maries Schrei zerschnitt seine Worte, sie fiel vor ihm auf die Knie und krallte sich an seinen Arm. Napoleon riss sich los, sein Gesicht verzerrte sich vor Wut.[..] „Einen Schal soll ich nach Russland schicken, einen Schal für meine hunderttausend Toten, für meine erfrorenen Grenadiere, einen schönen warmen Schal für meine große Armee?“.

---

[33] Selinko, Annemarie, Désirée, historischer Roman ü. Napoleon, Kopenhagen 1951

Napoleons Adjudant

Name: *Dorytomus **Dejeani**i*, Faust
Fundort: Meudon (Seine)
Datum: 30. April 1911

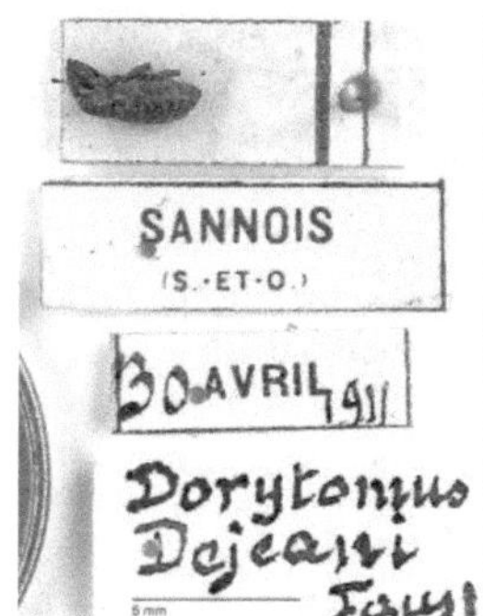

„Ich weiß nicht, ob mein Name jemals zu Ihnen gedrungen ist, aber ich kenne seit langer Zeit den Ihren durch Ihre erfolgreiche Tätigkeit auf dem Gebiet der Naturgeschichte, vor allem aber durch Ihre Reise nach Dalmatien. Seit 25 Jahren befasse ich mich passioniert mit der Entomologie, besonders mit den Käfern, mit denen ich mich seit mehreren Jahren allein beschäftigt habe, und ich glaube, daß meine Sammlung in dieser Gruppe eine der bedeutensten von ganz Europa sein muß, wenn sie hier nicht sogar an erster Stelle steht. Da ich seit meiner Kindheit Soldat bin, habe ich viele Reisen durchgeführt, so in Frankreich, Italien, Deutschland und Polen; ich war mehr als drei Jahre in Spanien und Portugal und habe von dort eine große Menge Insekten mitgebracht. Auf dem Vormarsch nach Moskau habe ich auch viele gesammelt, hatte aber das Mißgeschick, sie während des Rückzugs zu verlieren. Da ich Anfang 1816 gezwungen worden war, Frankreich zu verlassen, habe ich mich nach Österreich begeben und dieses Jahr dazu genutzt, die Gebirge der Steiermark und zum Teil auch die von Kärnten zu durchreisen; hier habe ich etwa 13000 Insekten aus 1683 Arten gefangen, davon 1491 Käferarten. [er beschreibt nun die Reisen].

Meine entomologischen Verbindungen sind schon sehr umfangreich und ich nenne Ihnen aus dem Kreis meiner Korrespondenten die Herren Ziegler aus Wien, Schönherr aus Schweden, Bonelli aus Turin, Mac Leay aus London, u.s.w.[..]

Haben Sie in Ihrer Antwort die Güte, mich ungefähr wissen zu lassen, was Sie wünschen, und es wäre für mich die größte Freude, Ihnen alles das zu senden, was mir möglich ist. Sobald ich meinen Sammlungskatalog überarbeitet habe, wäre es mir eine Ehre, diesen Ihnen zukommen zu lassen; ich glaube er umfasst mehr als 6000 Käferarten. [..].

Mit vorzüglicher Hochachtung Baron Dejean

Meine Adresse ist: Baron Dejean, Generalleutnant der französischen Armee, rue de L´Ùniversité, Nr. 17, Paris. [34]

---

[34] Lothar Dieckmann, Aus der Korrespondenz Dejean- Germar, Beiträge zur Entomologie Berlin 36, 1986

 **73**

Dies ist der erste von acht Briefen an den deutschen Entomologen Germar vom 11. Mai 1818.

Pierre François Marie Auguste Dejean, geboren 1780 in Frankreich, verstorben 1845 ebenda, war Mediziner und Generalleutnant im napoleonischen Krieg. Ja, nicht nur das: er war der persönliche Adjutant von Napoleon I bei Waterloo.

Dejean hatte in seiner hohen politischen und militärischen Stellung als Kavallerie-Führer in den Kriegen sowie später im Exil glänzende Sammelmöglichkeiten, die er auch reichlich zu nutzen verstand.

Er gab bereits 1802 als erster Käfer Sammler einen Katalog über seine Sammlung heraus, ohne jegliche Verkaufsabsicht. Seine Sammlung umfasste zu dem Zeitpunkt 910 Arten. Die 2. Auflage 20 Jahre später umfasste bereits 6.692 Arten. Ein wunderbarer Einfall und Erfolg! Fortan nutzte die gesamte Käfer-Sammlerwelt für lange Jahre diese Dejean´schen Kataloge, ja sie waren für zahllose Sammler geradezu ein Ansporn zum Sammeln. Der letzte dieser Kataloge erschien 1837 mit 22.399 aufgeführten Arten, die größte Sammlung, die jemals ein Sammler bis dahin zusammengebracht hatte. Auch war er wohl der erste Sammler, der einen privaten Kurator beschäftigte, den großen Schmetterlingsfachmann Jean Baptiste Boisduval.

Hin und wieder wird eine neue Art von einem Autoren nach einem anderen Autoren benannt. Es kann auch ein Freund sein. Oder die liebste Nichte. Heute ist das nicht mehr so einfach wie früher. Hier hat derjenige Autor, Johann Carl Eugen Faust, ein sammelnder deutscher Ingenieur (1822-1903), der diesen Käfer zum ersten Male beschrieben hat, nach dem Fachkollegen „Dejean" ihm zur Ehre benannt. Um das wissenschaftlich korrekt zu machen, hat er den Namen in der üblichen Norm lateinisiert.

Die Dejeansche Sammlung wurde in Teilen zu einem Gesamterlös von 50.000 Frc. Verkauft.

Wesentliche Teile gingen an die Herren M. Spinola, M. de la Ferté, M. de Bréme, M. Reiche. Kleinere an Mannerheim, Chevrolat und Herrn Rambür, sowie an die Museen Lyon und Barcelona. Orthopteren, Lepidopteren und Crustaceen wurden kastenweise verauktioniert. [35])

---

35 Entomologische Zeitung Stettin, 3-1845, S. 84

Namen, Namen, Namen
(Sammler, Bestimmer, Autoren, Händler)

In der Sammlung „Thünen" wurden über 1000 Namen aufgefunden. Da gibt es zunächst die Sammler, diejenigen, die den Kescher geschwungen, sich gebückt, den Stein umgedreht, die Borke vom Baum gekratzt und das „Genist" ausgesiebt haben.

Weiter gibt es die Gruppe der Bestimmer, das sind diejenigen, die die Beute der Sammler untersucht haben und ihnen ihren Namen zuwiesen. Meist sind es die Sammler selbst, die die eigene Beute präparieren, bestimmen, beschildern und auswerten um sie schließlich in einen schönen Schaukasten zu stecken, den sie dann ihren Freunden voller Stolz vorzeigen. Oft landen die Kästen wie ein Gemälde aufgehängt an der Wand, ein Gemälde nach dem Anderen wird gegen einen Schaukasten getauscht, die Wände füllen sich, auch über den Türen. Schließlich wird gestapelt, notfalls auch noch im Schlafzimmer.[36]

Viele Sammler verkaufen auch Ihre doppelten und dreifachen Stücke, da kommen dann die Händler ins Spiel. Noch heute ist der Handel mit Insekten weit verbreitet, man muss nur einen Blick in die größte Handelsplattform aller Zeiten werfen. Günstigsten Falles sind alle diese Funktionen in einer Person versammelt, meist jedoch nicht. Mancher Händler hat auch „so seine Leute", die er gezielt losschickt, wenn ein Kunde etwas Bestimmtes sucht. Und wo die Einen sind, sind die Anderen nicht fern: Plünderer und Diebe. Immer wieder werden Objekte aus Sammlungen und Museen gestohlen, oder ganze Landstriche leer gesammelt, und dabei geht es nicht immer nur um Insekten!

Und dann sind da die Autoren. Autoren werden diejenigen Sammler und Bestimmer bezeichnet, die Gattungen und oder Arten erstmals beschrieben haben oder beschreiben. Diese Erstbeschreibungen sind für die Wissenschaft von grundlegender Bedeutung, da an dieser Erstbeschreibung alle später gefundenen Exemplare gemessen oder besser gesagt überprüft werden. Es sind dies die Typen. Inzwischen wird jedes gefundene Wesen dieser Erde vermessen und beschrieben. Auf diesem Wege wird eine weltumspannende Bestandsaufnahme angefertigt und es kann eine Aussage darüber erfolgen, ob Arten gewandert oder ausgestorben sind, sie sich angepasst haben oder ob es sich um eine neue Art handelt.

---

[36] A schön´s Hobby, Spiegel 5/1992, über den Sammler Frey

Insbesondere sind zu den Autoren mehr oder weniger ausführliche Lebensbilder in der Literatur zu finden.

Damit ist das Ganze aber noch nicht zu Ende: die Wissenschaft ist voll von Diskussionen über die Zuordnung von Arten in bestimmte Gruppen (Gattungen oder Familien). Und so ist auch das Alltag von Wissenschaftlern: Überprüfung, Neubestimmung und Umbenennung von Lebewesen. Und schließlich geht es in der Wissenschaft darum, vorhandenes Wissen zu erweitern.

Gerade unter den Autoren des 18. Und 19. Jahrhunderts finden sich eine Reihe so genannter Universalgelehrter. Darunter sind neben den eigentlichen Biologen, Naturforschern und Forstwissenschaftlern alle nur möglichen Berufe vertreten: Mediziner, Geistliche, Juristen, Hofbeamte, Militärs aller Grade und Klassen, Künstler aller Couleur.

Das mag unter anderem daran gelegen haben, als dass es bis ins 19. Jahrhundert hinein keinerlei andere Möglichkeiten eines akademischen Studiums gab. Die Vielzahl der heute bekannten akademischen Studienfächer entwickelte sich erst seit Ende des 19. Jahrhunderts. Manchmal, zum Beispiel bei einer Namensrecherche, wundert man sich: was, der auch?

In den Zeiten, aus denen die Objekte dieser Sammlung stammen war „alle Welt" unterwegs und sammelte, in diesem Falle Insekten. Oftmals waren die Insekten und Käfer auch der „Beifang" des eigentlichen Sammelobjektes, so haben z.B. viele Botaniker dann auch noch die kleinen Käferlein auf und an den Pflanzen mitgenommen um beispielsweise auch deren Zusammenspiel zu erforschen. Und man schrieb darüber. Man schrieb über die Expeditionen und über die Fänge. Man schreib, was die Feder hergab, in den Vereinsnachrichten der Insekten- und Naturwissenschaftlichen Vereine, Bände von Büchern und Lexika und Reiseberichte. Heute finden wir in vielen Biologie-Lehrbüchern ein Kapitel über Pflanzen-Insekten-Interaktion.

Casablanca

Name: *Amomphus cottyi*, Lucas
Fundort: **Casablanca** (Maroc)
Sammler: Antoine

Ha Ha, das war ein Spass ..... !!
Gibt man in die Suchleiste des Internets ein: „Antoine Casablanca" taucht die Website der Bar „Antoine" in Casablanca auf. Was haben wir gelacht: hat der Sammler die Tierchen vor Betreten der Bar oder auf allen Vieren krabbelnd nach Verlassen derselben aufgesammelt? Hat er sie womöglich in seinem vollen Whisky- Glas ertränkt?

Alles ganz anders und viel nüchterner:
Viele Sammler hinterlassen kaum Spuren in der Blätterwelt, so auch hier. Man kann stöbern so viel man will – nichts – reine Detektivarbeit, bis irgendwo ein halber Nebensatz auftaucht. Und dann hat man es gefunden:

Notes d'Entomologie marocaine par M. Antoine,
in: Bulletin de la Société entomologique de France.

Wir haben es hier also mit einem Fachmann für diese Laufkäferart in Marokko zu tun: Maurice Antoine.

So kann es manchmal gehen....

An diesem Objekt lässt sich ein typischer Schaden, der in alten Sammlungen auftauchen kann, erkennen: Kupferblüte. Die kleinen grünen krisseligen „Härchen" sind Metallausblühungen der verwendeten Insektennadel. In diesem Falle wird die Nadel entfernt, das Objekt gereinigt und mit einer neuen Nadel versehen.

Aber halt – war da nicht noch eine Geschichte - ? aber klar: „Schau mir in die Augen – Kleines": Humphrey Bogart und Ingrid Bergmann 1948 in einer herzzerreißenden Love-story. Die Bar gibt es, ich war drin - ist ein großer Touristenmagnet. Es war aber nicht diese. Ernüchternd zu wissen, dass Bogart nie in Casablanca war und der Film dort auch nicht gedreht wurde. Dennoch - der Film ist schön – legen Sie sich einen Berg Taschentücher bereit ..

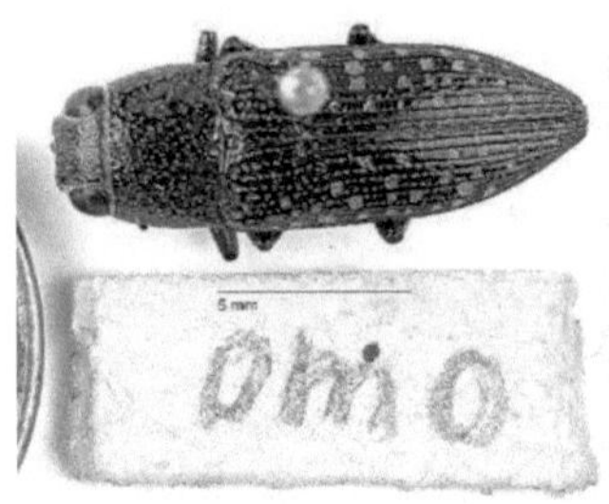

Omo

Name: *Lampetis grandiceps*, Fair.
Fundort: **Omo**

Wer fragt sich nicht so manches Mal: Woher komme ich?

Die Bibel hat darauf eine schlichte Antwort: Gott schuf Adam aus einem Klumpen Lehm.

Nein, nein, sagte Darwin später, das ist ganz und gar nicht so: der Mensch entwickelte sich unter den Mechanismen von Änderungen und Auslese wie und mit allen anderen Lebewesen in einer langen Linie aus einer Urzelle.

Die langwierigen und komplizierten Ausführungen Darwins wurden im Mainstream schnell verkürzt auf die Formel, der Mensch stamme vom Affen ab. Und da hatten wir den Schlammassel: die Einen begannen nach Beweisen für Darwins These zu suchen, die Anderen danach, sie zu widerlegen und es begann mit der systematischen Wühlerei im Boden.

Kurz danach, 1856, hatten Arbeiter in einem Steinbruch im Neandertal bei Mettmann zufällig alte Knochen aufgefunden. Sie warfen sie achtlos auf einen Haufen Abfall. Der Steinbruchbesitzer aber wollte es genauer wissen, holte sie da heraus und gab sie an den in der Gegend ansässigen Naturforscher Fuhlrott zur Begutachtung, der sie seinerseits einem „vorzeitlichen Menschen" zu ordnete.

Schon früher wurden in Südeuropa hin und wieder ganz offensichtlich fossile Menschenknochen gefunden. Auf all diese Funde stützte Darwin seine These.

Auch in Afrika fanden sich recht bald „alte Knochen", deutlich älter als die aus Europa. Und so begann ein regelrechter Hipe auf der Suche nach Knochen unserer biologischen Vorfahren. Am bekanntesten sind die Grabungen von Louis und Richard Leakey (Vater und Sohn) seit den 1960er Jahren in der Olduvai-Schlucht im Norden Tansanias. So entdeckten sie am Turkana-See fossile Schädel von *Homo habilis* und *Homo erectus*.

Olduvai Schlucht und Turkanasee sind ein Teil des großen Ostafrikanischen Grabenbruch-Systems. Hier spaltet sich der afrikanische Kontinent in einen schmalen, länglichen, östlich gelegen Teil und in den westlich gelegenen großen Rest. Ähnliche Gräben sind auch aus Nordamerika als vom Wasser geschaffene Canons bekannt. Wenn sich die Erdschichten, wie hier in Afrika und dort in Nordamerika, in flachen Ebenen ablagern und nicht durch Auffaltungen gestört werden, liegen diese bei einem aufbrechenden Graben oder einem tief eingeschnittenen Wasserlauf wie eine Schichttorte fein säuberlich übereinander wie auf dem Präsentierteller offen zutage, oben die jüngsten Erdschichten, und je tiefer im Graben desto älter die Schichten oder Horizonte, wie die Wissenschaft sagt. Ein idealer Ort um nach Fossilien zu suchen.

Nachdem die Leakeys erfolgreich fündig geworden waren, folgten sie mit ihrer Suche der Grabenbruchlinie weiter nach Süden und nach Norden. Hierbei gelangten sie im Norden auch in das Mündungsgebiet des Omo-Flusses in den Turkanasee – und fanden zwei Schädel, die unter den Arbeitsnamen: „Omo 1" und „Omo 2" in die Geschichte eingingen.

Nach einem Staatsbesuch in Kenia und einem Gespräch mit Louis Leakey erteilte Kaiser Haile Selassie von Äthiopien 1966 den Anthropologen die Genehmigung zu weiteren Grabungen in der Omo-Region. Die „Internationale Omo Research Expedition" wurde ins Leben gerufen. Es entstand ein internationales Forschungsprojekt aus französischen, nordamerikanischen und kenianischen Beteiligten und voneinander getrennten Konzessionen unter Leitung von Arambourg (bis zu seinem Tod 1969) der bereits 1932/33 die erste „Omo Research Expedition" durchgeführt hatte, jedoch ohne nennenswerte Ergebnisse.

Später wurden die Grabungen bis in die Afar-Wüste Äthiopiens ausgedehnt, wo dann das 4-Milionen-Jahre alte Skelett eines frühen Hominiden gefunden wurde, den sie „Ardi" nannten. Bis heute finden sich immer wieder und immer mehr von der Erosion preis gegebene Knochen in der Gegend des mittleren Awash, die eine fast 6 Mio. Jahre, ununterbrochene Besiedlungs- und Entwicklungsgeschichte menschlicher Vorfahren in der Afar-Ebene belegen.

Niger-Benue

Name: *Apate monacha*, F
Fundort: Benuë
Niger-Benue-Exp.

„Am 8. August 1902 mittags 1 Uhr 30 Minuten lichtete der kleine Dampfer „Swale", der Liverpooler Firma John Holt&Cop. gehörig, in Brass an der Nigermündung den Anker und dampfte in den Akassa-Creek hinein. [..] der Aufenthalt in den Küstenstrichen West-Afrikas gehört zweifellos nicht zu den angenehmsten Erfahrungen, und da derselbe nunmehr seinen Abschluss gefunden hatte und wir uns endlich auf der Fahrt nach dem tieferen Innern befanden, herrschte an Bord die angeregteste Stimmung. [..]

Am 16. August passierten wir die Einmündung des Benue und erreichen Lokoja. Seit wir Onitscha hinter uns gelassen hatten, war die Luft trockener und frischer und das Klima sehr viel angenehmer geworden, [..] Lokoja liegt schon oberhalb der Haupteinmündung des Benue und entwickelt sich von Jahr zu Jahr mehr zu einer der wichtigsten Handels-Zentralen. [..]

Am 21. August waren wir an der Gebietsgrenze der gefährlichen Muntschi-Heiden angelangt und verdoppelten deshalb die nächtlichen Wachtposten. [..]

Der 23. August passierten wir Abinsi und Bageni; auf dieser Strecke ist die Strömung des Benue ausserordentlich stark. [..] am nächsten Tag hatten wir an Bord einen Todesfall zu verzeichnen, einer unserer Arbeiter, der schon bald hinter Lokoja über starkes Fieber klagte, hatte es vorgezogen [..] die Reise nach den glücklichen Jagdgründen anzutreten. [..]

Am 26. August passierten wir Ibi. Die Ufer des Benue sind hier völlig flach und soweit man sehen kann mit hohem Gras bewachsen. In blauer Ferne erheben sich einzelne Granitkegel aus der Ebene. [..]

Übrigens waren am 30. August die aus Lokoja mitgenommenen Lebensmittel zu Ende gegangen, [..] gingen wir an Land, um Einkäufe zu machen. Unser ganzer Erfolg aber bestand in der Acquisition eines alten Hahnes, dessen mächtige Sporen eine äußerst zähe Beschaffenheit seines Bratens ahnen liessen, weshalb wir uns nicht entschliessen konnten, ihn dem Messer des Kochs auszuliefern. Vorläufig beabsichtigten wir, den alten Herrn als eisernen Bestand aufzubewahren und er stolzierte nun während er nächsten Tage vergnügt an Bord umher. [..]

Nahmittags am 1. September befanden wir uns vor dem Berge Gabriel. [..] am 4. September erreichten wir Yola. [..] unser Lotse, den wir von Lokoja mitgenommen hatten, erklärte mir in Yola, dass hier seine Kenntnis des Fahrwassers zu Ende sei. [..] am 6. September, gegen 2 Uhr mittags, kamen wir an dem Delta des Faro vorbei, der sich in zahlreichen breiten, aber flachen Armen in den Benue ergiesst. [..]

am 7. September erreichten wir nachmittags 4 Uhr Garua. [..]"

Es folgen die Beschreibungen von 3 Reisen im Rahmen dieser Expedition:

1. Reise: 30. September bis 11. Dezember Reise nach N´gaumdere und zurück
2. Reise: 16. Januar bis 13. April Reise nach Dikoa, Gulfei, Lohgone über Marrua und zurück
3. Reise: 12. Mai bis 16. Juni Flussgebiet des Faro

„Am 28. Juni [..] traten wir, nachdem wir uns von den Herren auf der Station in herzlicher Weise verbschiedet hatten, die Heimreise flussabwärts an. Diese vollzog sich ohne bemerkenswerte Zwischenfälle. Am 1. Juli erreichten wir Yola, am 6. Juli begrüßten wir den Vertreter der Niger-Companie in Lau und nachdem wir am 13. Juli von dem englischen Residenten in Ibi auf das freundlichste empfangen worden waren, kamen wir am 19. Juli wieder in Lokoja an[..]" [37])

37 Fritz Bauer, Die Deutsche Niger-Benue-Tsadsee-Expedition 1902-1903, Berlin 1904

Mohrenfalter

Name: *Erebia nerine* Frr.

Der Falter hat eine samtig-braune, weiche und zarte Erscheinung – eigentlich keine Eigenschaft der Unterwelt – denn dafür steht das griechische Wort „erebos".

Vielleicht liegt es an der dunklen Farbe. Die „Nerinen" waren die Töchter des Seegottes Nereus. Wie beide Bedeutungen zusammenhängen, mag Jeder sich selbst ausdenken.

Ob es ein geläufiger Nachname, ein Schimpfwort oder einfach eine Klassifizierung dunkler Menschen ist, Mohr ist ein Begriff mit dem Menschen bezeichnet werden und ein Name, den Menschen tragen. Im letzteren Fall wird in jüngster Zeit hin und wieder der freundliche Rat erteilt, sich doch zu überlegen, ob es nicht besser sei, den Namen zu ändern... [38]).

Über die Herkunft des Wortes gibt es verschiedene Annahmen: vielleicht eine Herleitung aus dem lateinischen Wort „morus" für schwarz. Es könnte auch eine Ableitung aus dem griechischen Begriff „Mauros", die Bewohner der Region Mauretaniens, sein. In Spanien gab es im Mittelalter eine große Bevölkerungsgruppe der Mauren. Auch könnte es aus dem Wortstamm „amuros" für dunkel, undeutlich, blind oder hilflos hergeleitet sein. Aus dem Alt- und Mittelhochdeutschen ist der Begriff „mōre, mœre" für Pferd, Rind, Schwein bekannt, der Namensträger könnte also Nachfahre eines Pferde- Rinder- oder Schweinezüchters sein.

Obwohl sicherlich hin und wieder ein dunkelhäutiger römischer Soldat im mitteleuropäischen Raum auftauchte, sind schwarze Menschen den Mitteleuropäern vermutlich erst seit dem Mittelalter bekannt – und sie übten eine große Faszination aus, es scheint als ob sie groß in Mode kamen: es entstehen Wappen mit Mohrenköpfen, Apotheken und Gasthäuser „zum Mohren" und süße Leckereien erhalten den Namen. Da Süßigkeiten im Mittelalter keinesfalls so alltäglich waren wie heute, ist auch dies eine positive Heraushebung und vermutlich eine Ehrerweisung an diese damals seltenen, und ganz sicher als geheimnisvoll wahrgenommenen Menschen.

---

[38] Mohr, Reinhard, Deutsche Sprachpolizei, Hilfe mein Name ist nicht korrekt, Deutschlandfunk 2014

Auch in der damals neuerdings in deutscher Sprache zugänglichen Bibel finden sich schwarze Menschen. Martin Luther übersetzt das in der Bibel benannte und dort südlich von Ägypten verortete Land „Kusch" (heutiges Äthiopien) mit „Mohrenland".

Im „Hohelied" Salomos, seinem Liebeslied, singt seine Geliebte, die Königin von Saba: *„Ich bin schwarz, aber gar lieblich, ihr Töchter Jerusalems, wie die Hütten Kedars, wie die Teppiche Salomos. Sehet mich nicht an, dass ich so schwarz bin; denn die Sonne hat mich so verbrannt."* Daraus wurde abgeleitet, dass Balkis eine Mohrin war.

Plötzlich tauchten in den Kirchen „schwarze Madonnen" auf – Maria, eine Mohrin? Sie verbreiteten sich rasch, die sowieso erst im 5. oder 6. Jhdt. n.Chr. entstandene Marienverehrung erhielt einen regelrechten Aufschwung. Die Farbe Schwarz wird in der christlichen Tradition mit Tiefe, Meditation und Reinigung in Verbindung gebracht, sie symbolisiert das Mysterium des ewigen Lebens. Damit wurden die schwarzen Madonnen ein Symbol für Mystik, Kontemplation und Reflexion, zur Meditation.

Weiter mutierte plötzlich einer der „heiligen 3 Könige" zum Mohren, je nach Tradition ist es mal Caspar, mal Melchior oder Balthasar. Die Weisen aus dem Morgenlande, Sternendeuter, Glücksbringer, Symbol der drei Lebensalter des Menschen oder gar die Vertreter der drei damaligen Großreligionen, die an der Wiege des Christentums Pate standen (neben Ochs und Esel)?

Das alles, und noch viel mehr, ist mit dem Mohr in Verbindung zu bringen.

Zum Trost für die Vertreter der politischen Korrektheit: die Mohrenfalter heißen im deutschen Sprachraum auch „Schwärzlinge".

Goliath

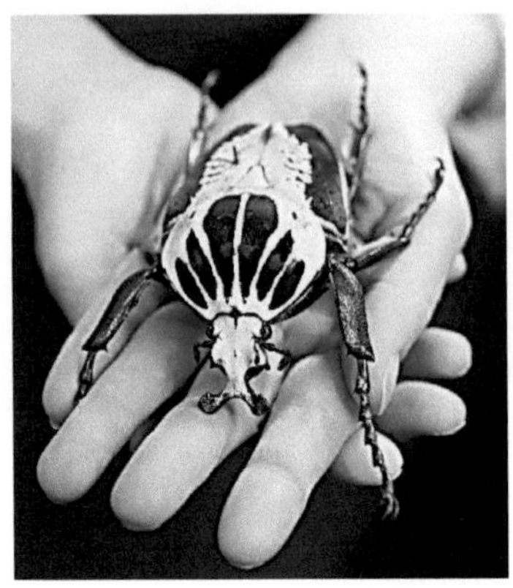

Das ist Goliathus - zu Deutsch: Goliath-Käfer. Ein wahrer, aber sanfter Riese unter den Krabblern, ein friedlicher Sauger von Baumsäften. Er gehört zur Familie der Blatthornkäfer und ist in den tropischen Wäldern und Baumsavannen West- und Zentralafrikas zuhause. Seine Larven messen bis zu 15 cm Länge und 110 Gramm Gewicht. Damit bilden sie einen begehrten Eiweißlieferanten bei der zentralafrikanischen Bevölkerung. Fachleute versichern, dass Goliathus tatsächlich fliegen kann. Ob jedoch der Jubel noch so groß wäre, wenn Goliathus unverhofft zwischen den Schränken der entomologischen Sammlung angeflogen käme - ???

Erstmalig beschrieben hat ihn 1801 kein geringerer als der französische Entomologe Jean-Baptiste Lamarck (1744-1829), dem Begründer der modernen Zoologie der Wirbellosen. Noch vor Darwin veröffentlichte er 1809 eine erste Theorie zur Evolution, bekannt unter „Lamarckismus", worunter heute verkürzt nur die Vererbung von erworbenen Eigenschaften verstanden wird. Nach Lamarck entstehen neue Klassen durch Urzeugung, deren wiederholtes Wirken dann zur Höherentwicklung führt. Als klassisches und immer wieder angeführtes Beispiel gilt der Hals der Giraffe (grob verkürzt):

Lamarck sagt: die Giraffe reckt aus eigenem Antrieb ihren Hals so lange, bis sie an die jungen Triebe hoch oben in den Akazienbäumen gelangt. Dies ist dann eine erworbene Eigenschaft, die sie an ihre Nachkommen weitergibt, die ihrerseits immer weiter die Hälse recken, sodass irgendwann eine langhalsige Giraffe entsteht. Die umgekehrte Folgerung wäre, dass die Hälse der Giraffen wieder kürzer werden, wenn sie sich abgewöhnen, hoch oben die feinen Triebe zu naschen.

Dagegen sagt Darwin, die Giraffe ist zufällig mit einem längeren Hals geboren und deshalb in der Lage, besser an die hoch oben wachsenden jungen Triebe eben dieser Akazie zu gelangen und damit im Fress-Vorteil gegenüber den kurzhalsigen Akazienblattfressern. Das ist dann eine angeborene Eigenschaft, die die Giraffe an ihre Nachkommen weitergibt.

Buschmannsland

Name: Julodis fidelissima,
                    Rosenhauer
Fundort: **Buschmannsland**
Eigentümer: A. Kricheldorff

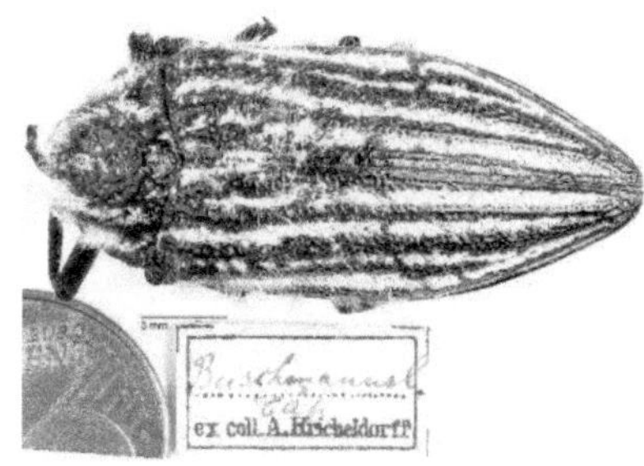

Früher war die Sonne ein Buschmann. Wenn er seinen Arm hob, kam aus seiner Achselhöhle das Licht und es wurde heller Tag und warm auf der Erde. Nahm er ihn aber herunter, wurde es Nacht und kalt. Nach vielen Jahren wurde der Mann alt und schwach, immer schwerer und seltener konnte er die Arme heben und es wurde immer dunkler auf der Erde. Die Menschen wurden unruhig, deshalb nahmen sie den Mann und warfen ihn in den Himmel. Da wurde er zur feurigen Kugel, zur Sonne. Das Dunkel verschwand und die Buschmänner freuten sich, es war wieder hell und warm.

Aber es gab noch den Mond, der früher auch ein Buschmann war. Die Menschen beteten ihn zwar an, aber sie schauten ihn nicht an, denn er war kalt und machte ihnen Angst. Nachts verfolgte er die Sonne, die sich sehr darüber ärgerte. Sie nahm deshalb ihr Sonnenmesser und beschnitt ihn damit. So wurde er mit jedem Tage schmaler, bis er die Sonne anflehte, ihm nicht das Rückgrad zu nehmen, damit die Menschen ihn noch sehen könnten. Er schämte sich, so schwach zu sein und verzog sich um wieder Kraft zu schöpfen. Groß und stark kehrte er zurück und wandelte durch die Nacht. Die Sonne aber war zufrieden, denn sie hatte ihn besiegt: war sie am Himmel, musste er verschwinden, wenn er kam, verschwand sie. Und dabei bleib es.[39]

In Meyers Großes Konversations-Lexikon, Band 3, Leipzig 1905, S. 652. steht zu lesen: *Buschmannsland, Hochebene (1140 m) in der britisch-afrikan. Kapkolonie, umfaßt den Nordosten von Klein-Nmaland und den Norden der Distrikte Calvinia und Carnavon. Das fast ganz wasserlose Gebiet bedeckt sich nach reichlichem Regen mit Vegetation und wird dann von nomadisierenden Buren, Koranna, Nama, und Buschmännern durchzogen. Nördlich und östlich vom Oranje begrenzt."*

Nicht zu verwechseln mit dem „Buschmannland" (ohne „s"), dem 1970 in Ostnamibia eingerichteten Homeland für die Bevölkerungsgruppe der San.

---

[39] Nach: Ludwig, Klemens, Flüstere zu dem Felsen, Breisau 1993

Kapland

Name: Sinoxylon ruficorne, Faehraus
Fundort: **Kapland**
Händler: Heyne, Berlin

Das Kapland, auch Kapkolonie genannt, war zunächst eine holländische Kolonie. Ihre Geschichte begann 1652 mit der Gründung von Kapstadt im Auftrag der Niederländischen-Ostindien-Companie (VOC) durch eine Expedition mit calvinistischen Siedlern als Stützpunkt zur Versorgung von Schiffen auf dem Weg nach Indien. Später wurden noch Ländereien dazu gekauft. Nach dem Widerruf des „Edikt von Nantes" durch Ludwig 14. kamen dann auch noch flüchtende Hugenotten an das Kap und gründeten den Ort Stellenbosch.

Die Neubewohner dehnten ihre Ländereien immer weiter aus, dass es zu Konflikten mit den ursprünglichen Bewohnern kam. Zudem importierten die Niederländer Arbeitskräfte aus ihren anderen Kolonien. In diesem Zeitraum bekamen die niederländischen Landwirte auch ihren bis heute bekannten Namen „Buren", eine sprachliche Ableitung des Wortes „Bauer". Da die VOC sich angesichts dieser Wachstumsbestrebungen nicht mehr in der Lage sah, dieses große Gebiet im Ernstfalle zu verteidigen, führten sie strenge Regeln ein, was dazu führte, dass insbesondere die Buren das VOC-Territorium verließen.

Mit dem Überfall der Franzosen auf die vereinigten Niederlande in Europa, wurde das Kapland schließlich zum Spielball zwischen den Briten, Franzosen und Niederländern. Jeder war bestrebt, das Land vor den Anderen zu schützen, bis 1814 die Niederländer das Gebiet dann endgültig an die Briten abtraten. Daß das vor allem den Buren nicht gefiel, ist nachvollziehbar. Es kam zu Grenzkonflikten.

Schließlich: 1910 wurde die „Afrikanische Union" als selbstregiertes Gebiet im britischen Commonwealth mit den Provinzen Kapprovinz (Kapland) Natal, Transwaal und Oranje-Freistaat (Oranje Colonie) begründet. Bei Beginn des 2. Weltkrieges zerbrach dieses Bündnis jedoch. 1948 gewann die nationale Partei mit dem Motto einer radikal rassistischen Trennung aller Südafrikaner, Stichwort „Apartheid", die Wahl. Nach einem Referendum im Oktober 1960 entstand ein zustimmendes Wahlergebnis für die "Republik Südafrika" und das Land trat aus dem Commonwealth aus.

Natal

Name: *Sinoxylon ruficorne*, Faehraus
Fundort: **Natal**

Eine weitere britische Kolonie in Südafrika war Natal. Älteste menschliche Siedlungsspuren sind ca. 100.000 Jahre alte Felszeichnungen in den Höhlen der Drakensberge.

Entdeckt hatte diesen Platz einst Vasco da Gama Ende des 15. Jhdts bei der Suche nach einem Seeweg nach Indien. Weil gerade Weihnachten war, nannte er ihn Natalis.

Die Briten bemächtigten sich 1848 der von den niederländischen Siedlern gegründeten Republik Natalia und wandelten sie wenig später in eine selbständige Republik. Trotz des verlorenen Krieges wurde 1897 das benachbarte Zululand von den Briten angegliedert.

Haupt-Wirtschaftsprodukt war Zuckerrohr und wurde über den Hafen von Durban ausgeführt. Als die einheimische Bevölkerung sich weigerte, auf den Plantagen zu arbeiten, warben die Briten kurzerhand in großem Umfange Arbeitskräfte aus Indien an. Bald schon übertraf dieser indisch-stämmige Bevölkerungsanteil die Zahl der europäischen Siedler. Heute lebt in Durban die größte indisch-stämmige Bevölkerungsgruppe außerhalb Indiens. Der Kolonialstatus verhalf Durban zum Status als wichtigstem Handelsplatz im südafrikanischen Raum.

1910 wurde das Natal von den Briten mit den anderen Provinzen Oranje und Transvaal zur Südafrikanischen Union vereinigt und bildet seitdem die Provinz Natal, 1994 kam es zur Umbenennung in KwaZulu-Natal.

Ursprünglich kamen die Zulus aus dem heutigen Kongo und verdrängten die ursprünglichen San aus ihren angestammten Gebieten. Sie bilden heute den größten Bevölkerungsanteil in Südafrika. Sie gelten als kriegerisch. Schon der britischen Kolonialmacht gelang es nie, das Königreich Zulu auszuradieren. Noch heute flammen immer wieder Stammesrivalitäten auf und enden in Mord und Totschlag, wobei man vor keiner Autorität zurückschreckt. [40]

---

[40] Dieterich, Johannes, Ewige Krieger: Welche Rolle die Zulu in Südafrika spielen, tagesspiegel.de, 30.10.2021, 17:22 Uhr

Transsaal...

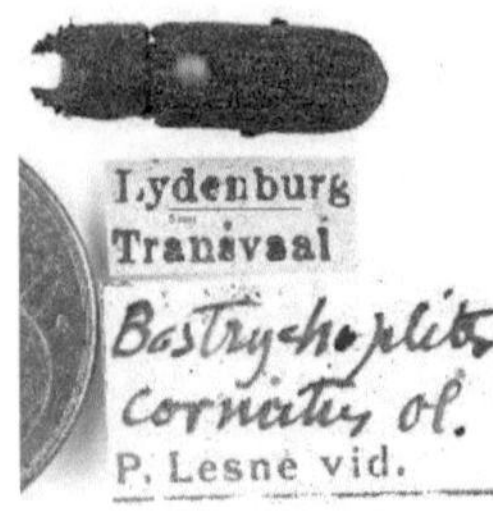

Transvaal

Name: *Bostrychoplites cornutus*, Ol.
Fundort: Lydenburg, **Transvaal**
Sammler: Lesne

Transvaal, wörtlich „auf der anderen Seite des Vaal", befindet sich auf einem seit dem 8. Jhdt. besiedelten Gebiet. Immer wieder kam es zu Vertreibungen der jeweils ansässigen Volks-Stämme, zuletzt durch die aus dem Natal vertriebenen oder geflüchteten Zulu. Ende der 1830er-Jahre kamen mit einem großen Treck die Buren aus den südlichen Kapkolonien und gründeten hier eine Zentral-Afrikanische-Republik (ZAR). Doch eine schwache Regierung und andauernde Streitereien gaben den Briten schließlich freie Hand zur unfreiwilligen Übernahme der ZAR und gliederten diese in den Bestand ihrer Kapkolonien ein. Es kam zu 2 „Burenkriegen" in den Versuchen, das Land zurück zu bekommen. Dennoch begannen die Briten, das Land zu reorganisieren, nicht zuletzt mit Hilfe das bei Johannisburg gefunden Goldes.

Nach den Diamantenfunden in Hopetown, Barkley und Kimberley südwestlich der ZAR, auf dem Gebiet Oranje, ging die Sucherei auch in der ZAR los. Die gefundenen Minen gingen jedoch unter einigen verworrenen Umwegen in die Obhut der britischen Kronkolonie Westgriechenland (Insel Zakynthos).

1886 wurde schließlich am Witwaterstrand südlich der Hauptstadt Pretoria riesige Mengen Gold gefunden. In Johannesburg entstand eine lukrative Goldindustrie. Ein massenhafter Zustrom englischer und ausländischer Goldschürfer verbunden mit einem rasanten Wohlstandszugewinn ließen die Stadt schnell wachsen, verstärkt durch einen enormen wirtschaftlichen Aufschwung.

Die weitere Entwicklung ähnelte der des Natal und schließlich wurde auch Transvaal Bestandteil der heutigen Südafrikanischen Republik SAR.

Nun gibt es noch das Königreich Lesotho (früher Basutoland), vollkommen von der Südafrikanischen Republik umschlossen. Lesotho ist ein Nationalstaat mit einer parlamentarischen Monarchie, einem homogenen Staatsvolk mit der gemeinsamen Sprache „Sesotho", Religion und Kultur. Das Land ist Mitglied des Commonwealth, der UNO, AU (Afrikanische Union), SADC (Entwicklungsgemeinschaft für das südliche Afrika) sowie der SACU (Afrikanische Zollunion).

Orange Colon

Name: *Sinoxylon ruficorne*, Faehraus
Fundort: **Orange Colon**.
Sammler: Lesne

*„Am Freitag Abend, 2. Juni 1885,
fand sich auf dem Perron der Eisen-
bahnstation der Capstadt ein Haufen
von Menschen zusammen: Reisende
mit einer Anzahl von Freunden, welche
sie abfahren sehen wollten, und mit der üblichen Beimischung
von Müssiggängern, welche ihre Zeit bestens zu verwerthen
glaubten, indem sie nichts thaten, sowie den neugierigen Zu-
schauern, welche sich um aller übrigen Leute Angelegenheiten
bekümmern, weil sie keine eigenen zu besorgen haben. [..] Unter
den Passagieren befanden sich Dr. Sauer, Herr Caldecott, Lulu
und meine Wenigkeit, alle mit Billets nach Hope Town versehen,
damals die letzte Station vor Kimberley, jetzt aber durch eine
Bahn mit der Diamantenstadt verbunden. [..]*

*Am ganzen Himmel war keine Wolke zu sehen; die Luft aus-
gedorrt und wie ein Backofen getrocknet, beständige Luftspiege-
lung veranlassend, sodass die entfernten Berge ganz nah und
doppelt so gross zu sein schienen und dabei so durchscheinend
klar, dass die kleinsten Gegenstände sich in schärfsten Umrissen
darstellten. [..] so sah die Karroo aus, als ich sie zuerst nach
zweijähriger Dürre erblickte. [..] .. das Gefühl der Verlassenheit
noch durch eine gelegentliche Bauerhütte vertieft wird. Wie! Bauern in diesem Lande? Ja wohl, denn vor drei Jahren waren diese
einzelnen, jetzt freilich in gespenstischer Oede dastehenden Hütten von zahllosen Heerden und Rudeln Vieh umschwärmt; [..]*

*Ab und zu kreuzt die Eisenbahn eine tiefe Schlucht oder ein
flaches Thal, welche in der Regenzeit mit Wasser gefüllt sein würden. Prächtige Flussbetten sind da, zahlreich genug, aber sie enthalten so wenig Wasser als Branntwein.[..] der Inhaber des Res-
taurant, ein dicker, brauner Boer (=Bauer=Bure), erzählte uns,
dass alle seine Schafe eingegangen und ihm weder Kuh noch
Ochs geblieben sei; doch gab er die Hoffnung auf bessere Zeiten
nicht auf [..]*

*Nach ununterbrochener nächtlicher Fahrt erreichten wir 4 Uhr
früh Hope Town oder vielmehr die „Endstation am Oranje-Fluss",
etwa 15 km vom Fluss und ebenso weit von Hope Town und*

mussten nun die Eisenbahn mit der Postkutsche nach Kimberley, 110 km weiter, vertauschen. [..]

Die Ufer des Stromes sind so steil, dass mit grosser Vorsicht heruntergefahren werden musste; geht etwas entzwei am Wagen, so kann man dem Wasserbade nicht entgehen. [..] Nach einer Folge von wasserleeren Flussbetten wirkte der Anblick des stattlichen Oranje-Flusses geradezu erfrischend. Der Strom wird nur zur Hälfte mit Wasser angefüllt, aus weiten abschüssigen Ufern tiefen weissen Sandes, durch welchen Maulesel mit Mühe die Kutsche schleppten, konnte man entnehmen, welch bedeutende Wassermenge in der Regenzeit hier herunterfließt.“ [41])

Der Autor Guillermo Antonio Farini hieß mit richtigem Namen William Leonard Hunt, und war kanadisch stämmiger Drahtseilartist. Seine berühmtesten Seiltänze hatte er an den Niagarafällen. Er behauptete, die Kalahari- Wüste, auch Karoo genannt, als erster Weisser zu Fuss durchquert zu haben.

1866 wurden nahe des Oranje-Fluss erste Diamanten gefunden, drei Jahre später die ersten Diamanten im Grundgestein. Darauf setzte der Diamantenrausch ein. Der bekannteste und größte Tagebau, „The Big Hole“ in Kimberley, förderte insgesamt 2722 Kilogramm Diamanten.

Der kanariengelbe, 43 Karat schwere „Golden Eye“-Diamant ist vermutlich als Rohdiamant aus Kimberley gekommen.

---

[41] G.A. Farini, Durch die Kalahari-Wüste, Leipzig 1886, forgottenbooks.com 2016

Frauen

Namentlich wurden nur diese zwei Frauennamen aufgefunden:

Dr. Elli Franz war Käferforscherin. Sie übernahm 1938 als erste Vollzeitmitarbeiterin die Leitung der entomologischen Sektion des Senckenberg Museums in Frankfurt. Nach ihrem Ausscheiden wurde diese Abteilung in 4 eigenständige Sektionen aufgespalten.

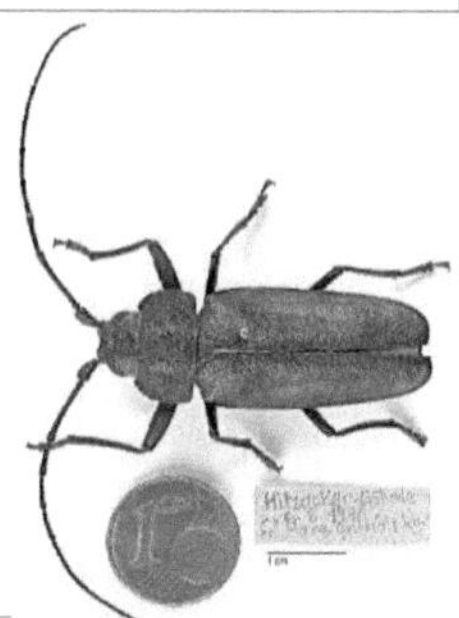

Name: Caloermus desmarti, Guerry
Fundort: Buenos Ayres
Bestimmer: **Dr.E.Franz**

Über Frl. Margot Antholz ist nichts weiter bekannt, es kann sich um jede Frau jeden Alters gehandelt haben. Ja – auch die älteren unverheirateten Frauen wurden damals noch mit Fräulein tituliert. Die Anrede „Fräulein" wurde am 16.1.1972 per Erlass von Hans-Dietrich Genscher aus dem Amtsdeutsch gestrichen.

Im Dezember 2022 brachte ein Kollege vom „Naturwissenschaftlichen Verein für Heimatforschung" in Hamburg eine

Name: Ergates faber, L.
Fundort: Hitzacker-Göhrde
Datum: 8.8.1948
Sammlerin: **Frl. Margot Antholz** (leg.)

Kiste mit Büchern und Fachzeitschriften mit, diese an die Kollegen zu verschenken. Mir fielen dabei eine Handvoll kleine Büchlein in Größe eines Oktavheftes und daumendick in die Hände, Entomologische Jahrbücher zwischen den Jahren 1895 und 1935. Ich blieb in dem Jahrbuch von 1921 unter „Vermischtes" an einem Artikel hängen, genau genommen eine Leserantwort auf einen Artikel aus dem Vorjahr: „Zu dem Artikel im Jahrbuch 1920: „Die Stellung der Frau zur Entomologie" [42]. Von Oberlehrer a.D. H. Grützner, Beuthen, O.-S. Auf den Seiten 180 bis 189 nimmt er Stellung.

Ich habe mir darauf den ursprünglichen Artikel beschafft. Darin stehen viele interessante Gründe, warum Frauen nicht geeignet sind, Insekten zu sammeln, z.B. der Satz *„Wahr mag es sein, dass die weiblichen Kleidungsstücke sich viel weniger zur Ausübung der Schmetterlingsjagd eignen als die männlichen."*

---

[42] H.H.H., „Die Stellung der Frau zur Entomologie" Entom. Jahrb.. 1920

Als älteste, bekannteste Entomologin gilt Maria Sybilla Merian (1647-1717). Ihre hervorragenden colorierten Zeichnungen zur Entwicklung und Wandlung der Schmetterlinge sind von unvergleichlicher Schönheit und Präzision. Sie hat damit erstmalig die Abfolge der Entwicklungsstadien eines Insektes festgehalten. Als erste Frau reiste sie von 1699 bis 1701 nur in Begleitung ihrer Tochter, vermittelt durch einen holländischen Händler, für ihre Schmetterlingsstudien nach Surinam.[43] Dabei zeichnete sie unter vielen anderen Schmetterlingen auch einen solchen aus Bolivien stammenden „Laternenträger".

Die (fiktive) Chemikerin Elisabeth Zott sagt: *„Die Natur funktio-*

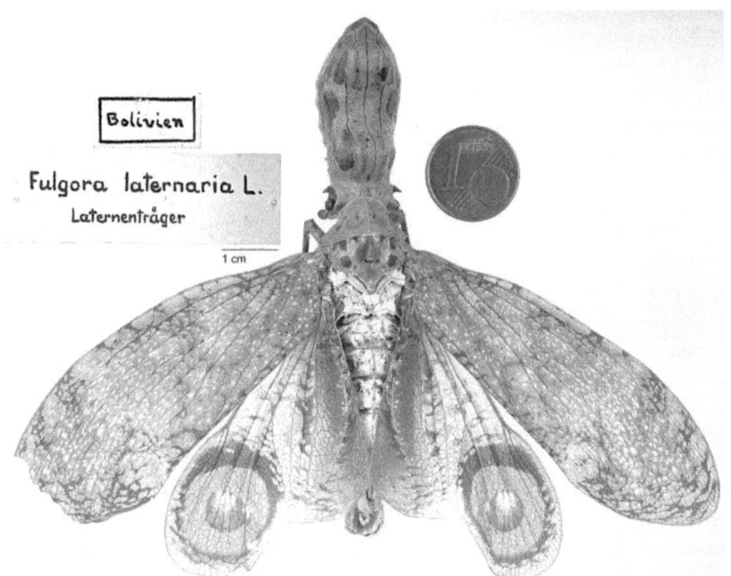

niert auf einer höheren intellektuellen Ebene. Wir können mehr lernen, mehr leisten, aber um das zu erreichen, müssen wir Türen aufstoßen. Dumme Vorurteile gegenüber Geschlecht und Rasse hindern viel zu viele kluge Köpfe an wissenschaftlicher Forschung." [44]

---

[43] Maria Sibylla Merian, Das Insektenbuch, 1705/1991
[44] Bonnie Garmus, Eine Frage der Chemie, über die Chemikerin Elisabeth Zott, München 2022

Asia minor

Name: *Lamprostrus calleyi*, var. Jani,
Fundort: **Asia minor**, Bulghar Maaden
Sammler: v. Bodemeyer

Kleinasien – eine geografische Bezeichnung für den Landesteil Anatolien in der heutigen Türkei – und damit stehen wir mit Schlusssprung mitten in der bewegten Geschichte der Türkei und nicht zuletzt unserer abendländischen Kultur. Der Blick muss dabei weit über die Grenzen der heutigen Türkei hinausgehen: Griechenland, Schwarzmeer-Region, Mesopotamien, Nordafrika, Europa – nur in dieser Zusammenschau können viele aktuelle Befindlichkeiten und Ereignisse verstanden werden.

Beginnend mit dem prähistorischen Steinkreis Göpekli Tepe sind in der heutigen Türkei mit die ältesten Siedlungen und ihre Geschichte unserer christlich-mitteleuropäischen Kultur zu finden: Troja, Ephesus, Pergamon, Hierapolis und nicht zuletzt Istanbul, auch bekannt unter Konstantinopel und Byzans – vermutlich die älteste Stadt zwischen Orient und Okzident, Wächterin des Bosporus. Ein Besuch dieser Stadt führt in die Vergangenheit, ihre nachweisbare Siedlungsgeschichte beginnt ca. 600 v. Chr. Unsägliche Wirren, Kriege und Schlachten fanden in und rund um sie und den Bereich des heutigen Anatolien statt: Araber und später islamische Seldschucken drängen herein und bringen den neuen Glauben des Propheten Mohammeds mit sich.

Schließlich erlangen die Turk-stämmigen Türken unter Osman I. die Herrschaft, das Osmanische Reich verbunden mit einem umfassenden Macht- und Eroberungsstreben über das Schwarze Meer, Nordafrika und Südeuropa hinweg, entsteht. Unter die Räder dabei kamen umliegende Volksgruppen wie Serben, Bosnier, Bulgaren, Syrer, Armenier und Kurden. Innere und äußere Unruhen führen immer wieder zu Wanderungswellen über die Grenzen hinein oder hinaus, ein wahres Völkergetümmel, Scheideanstalt und Schmelztiegel der Kulturen und Religionen zugleich. Mit dabei mischen fleißig Griechen, Russen, Italiener mit: Russland begehrt immer wieder die Krim zur Verschiffung ihres Getreides durch den Bosporus, das sie in der Ukraine ernten, Venedig versucht diesen Getreidehandel zu verhindern um Istanbul, und damit das osmanische Reich, in die Knie zu zwingen. Immer wieder aufflammende Rangeleien um Landesteile von Griechenland.

Der Weltkrieg fegt schließlich gleich vier Herrscherdynastien hinweg, darunter das Herrschergeschlecht der Osmanen. In Versaille werden die Bedingungen des Kriegendes verhandelt, dabei entstehen mehrere, für die Türkei bindende Folgeverträge, das Osmanische Reich war immerhin Bündnispartner des Deutschen Kaiserreiches:

der Vertrag von Sevrés vom 10.8.1920 regelte die Bedingungen der Kapitulation für das Osmanische Reich und besiegelte dessen Untergang. Damit gerieten die Meerengen am Bosporus unter internationales Recht und wurden zur entmilitarisierten Zone erklärt. Im Jahr 1923 gründet sich schließlich durch erste demokratische Wahlen der Staat Türkei so wie wir ihn heute kennen unter Führung des Kemal Attatürk.

Der Vertrag von Lousanne vom 24. Juli 1923 legitimierte nachträglich die gegenseitige Vertreibung von Griechen und Türken und legte damit auch die Grenzen zwischen der Türkei und Griechenland fest. Es kam zum Austausch ganzer Volksgruppen.

Mit dem Vertrag von Montreux vom 20. Juli 1936 erhielt die Türkei schließlich die Souveränität über den Bosporus zurück. Der Vertrag regelt den zivilen und den militärischen Schiffverkehr durch die Meerengen bis heute.

Dennoch gab und gibt es Menschen, die bei allem politischen Getümmel nicht auf ihre Wissenschaft verzichten mögen, z.B. Insektensammler. Bodo von Bodemeyer war einer davon. Schon sein Vater und sein Großvater waren leidenschaftliche Entomologen. Sein Reisebericht über seine Sammelreise nach Kleinasien 1911 erschien 1927 und ist höchst lesenswert. [45]

Er startete am 13.März 1911 von Berlin in Richtung Konstantinopel. Dort angekommen bereiste er zunächst den europäisch-griechischen Landesteil. Später ging es mit Eisenbahnen und Eseln weiter über Sabandja, Eski-Cheli, Bildjik, Ak Chehir, Konia, nach Bulgar Maaden und ins Tschakit-Tal. Von hier aus kehrte er nach Konstantinopel zurück um am 28. Juli die Heimreise anzutreten. So locker und launig er seine Beutezüge auf Käfer schildert, so lebendig schildert er die Einzelheiten von Reiseorganisation, Begegnungen mit den Menschen und die politischen Verhältnisse. Seine Schilderungen der Käfersuche sind äußerst detailreich und ein Fundus über Methoden und Fundstellen.

---

[45] Bodemeyer, Bodo v., Über meine entom.Reisen, Bd. I Kleinasien, 1927

Versaille 1919

Name: *Pterostichus eristatus*, Steph.
Fundort: **Versailles**
Funddatum: **VII.1919**
Sammler: F. Lesieur

Als im Spiegelsaal des Schlosses Ludwig des XIV. Europas Grenzen neu verhandelt wurden, spazierte dieser Käfer im Garten davor umher – womöglich. Vielleicht auch nicht. Und „F. Lesieur", der Sammler, war es der Gärtner von Versaille? Oder ein beliebiger Spaziergänger? Ein Maler? Vielleicht ein Mitarbeiter eines der großen Herren, die über ein neues Europa verhandelten und nach der Unterzeichnung in den Gärten des Sonnenkönigs spazieren ging? Gar ein Spion?

Am 28. Juni 1919 schlossen das Deutsche Reich einerseits sowie Frankreich, Großbritannien, und die USA allesamt mit ihren Verbündeten mehrere Verträge zur Beendigung des Weltkrieges. Darin wurden die Modalitäten vereinbart, mit denen man in Zukunft miteinander umzugehen gedenke um eine Wiederholung der erlebten Massaker zu vermeiden. Alle Verträge stellten die alleinige Verantwortung Deutschlands und seiner Verbündeten für den Ausbruch des Weltkrieges fest.

Gleichzeitig wurde Deutschland zu Reparationszahlungen, Abrüstung und Gebietsabtretungen verpflichtet. Neben einigen Grenzgebieten, die Deutschland, teilweise durch Volksabstimmung, abzugeben hatte (Nordschleswig an Dänemark, Elsass-Lothringen an Frankreich, Meupen an Belgien, Teilgebiete von Ost- und Westpreussen, Schlesien und Posen an Polen) wurde das Saarland, Danzig und Memelland sowie der gesamte Kolonialbesitz dem Völkerbund unterstellt, der diese wiederum als Mandatsgebiete an interessierte Siegermächte übergab.

Daneben sah der Vertrag als erklärtes Ziel des US-amerikanischen Präsidenten Woodrow Wilson die Gründung eines Völkerbundes vor mit dem Ziel einer dauerhaften Sicherung des Friedens durch Rüstungskontrolle, Abrüstung sowie Beilegung internationaler Konflikte durch Schiedsgerichte. Seine Staue steht (wieder) vor dem Prager Hauptbahnhof: es war Wilsons Vermächtnis, dass 1928 eine unabhängige Republik namens Tschechoslowakei gegründet wurde.

Das hat nicht lange gehalten und so wurde nach dem Zweiten Weltkrieg die „Organisation der Vereinten Nationen" UNO gegründet. Als wichtigstes Ziel an oberster und erstgenannter Stelle steht dabei die Wahrung des Weltfriedens.

Weitere Verträge im Anschluss der Versailler Friedensverträge 1919 waren die Verträge von Lousanne und Locarno.

Der Vertag von Lousanne vom Juli 1923 regelt das Miteinander des neuen Staates Türkei und seiner Nachbarn.

Im Vertrag von Locarno vom Oktober 1925 verzichten Deutschland, Frankreich und Belgien auf eine gewaltsame Veränderung der im Friedensvertrag von Versaille gezogenen Grenzen. Gleichzeitig wurde Deutschland in den Völkerbund aufgenommen.

Doch schon einmal, fast 50 Jahre zuvor, saßen bereits die Politiker im Spiegelsaal von Versaille zusammen und handelten miteinander: 1870 hatte Frankreich dem Deutschen Bund unter Führung des Preussischen Reiches den Krieg erklärt, es wurde heftig um den Kandidaten für den spanischen Thron, Leopold von Hohenzollern Sigmaringen gestritten.

Zum Erstaunen der Franzosen traten aber die Länder Bayern, Württemberg, Baden und Hessen- Darmstadt an der Seite Preussens mit in den Krieg ein. Alle anderen Länder Europas blieben auf den Zuschauerrängen.

Der Deutsch-Französische Krieg war dann auch schnell zu Ende, am 2. September 1870 erlitten die französischen Truppen eine kriegsentscheidende Niederlage in der Schlacht von Sedan, allerdings unter hohen Verlusten auf beiden Seiten. Schließlich trafen sich die Kontrahenten im Februar 1871 im Spiegelsaal um die Friedensbedingungen auszuhandeln. Das Ergebnis war ein Vorvertrag, in dem das Deutsche Reich gegründet und ein deutscher Kaiser gekrönt wurde. Außerdem musste Frankreich die Gebiete Elsass und Lothringen an das neue Deutsche Reich abtreten.

Azoren

Name: *Calosoma azoricum,* Heer
Fundort: **Azores**

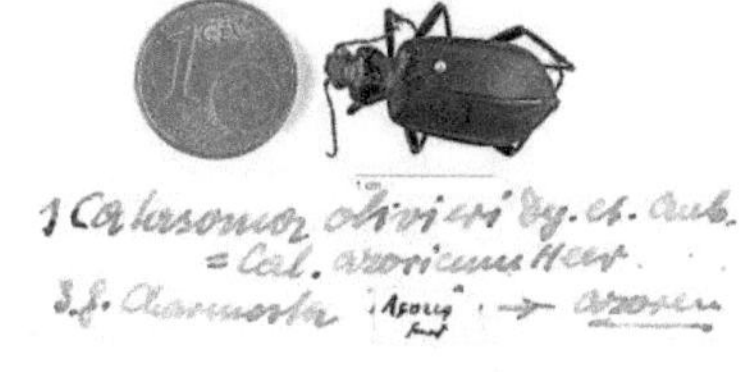

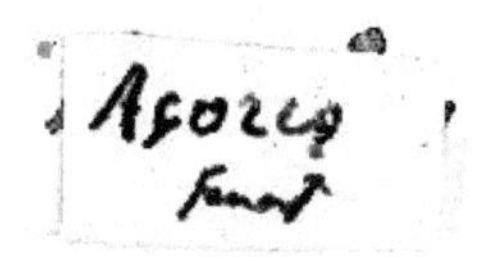

In grauer Vorzeit existierte
ein Reich, größer als Nordafrika
und vorderer Orient zusammen.
Es bestand aus mehreren Inseln im At-
lantik gelegen. Die Hauptinsel „Insel des
Atlas" war reich an Rohstoffen, insbesondere Gold und Silber, es gab große
Bäume mit süßen Früchten, Elefanten und andere Tiere. Die
Insel war durch künstliche Kanäle mit ausreichend Wasser ver-
sorgt, sodass zwei Ernten im Jahr möglich waren.

Herrscher über die Insel war Atlas, der sterbliche Sohn des
Poseidon. Atlas und seine Nachfahren aber verwandelten Atlantis in eine große Streitmacht, die schließlich Europa und Nordafrika unterwarfen. Widerstand gaben lediglich die zwar zahlen-
mäßig unterlegenen, dennoch äußerst wehrhaften Athener.
Diese Niederlage wurde als Strafe der Götter gesehen, die die
Atlanter dafür bestrafen wollten, weil diese ihren reinen göttli-
chen Anteil durch Vermischung mit den Menschen verloren
hatten und stattdessen von der Gier nach Macht und Reichtum
ergriffen waren. Zeus höchstselbst hatte über das Schicksal der
Atlanter entschieden und so versank Atlantis während eines Tages und einer Nacht durch schwere Erdbeben und Über-
schwemmungen im Meer. Einzig Ägypten, das zu diesem Zeitpunkt bereits 8000 Jahre alt war, blieb verschont.

Diese erste Atlantis Erzählung ist uns vom großen griechischen Philosoph Platon überliefert, der sie wiederum von seinem Kollegen Solon, dem Ägypter hatte. Ist es nur eine Fabel
für die platonsche Theorie über einen idealen Staat? Oder hat
es Atlantis wirklich gegeben – so richtig physisch?

Immer noch wird danach geforscht, immer neue Theorien
entstehen, wo dieses „sagenhafte" Reich gelegen haben könnte.
Seit der „Entdeckung" des amerikanischen Kontinents und der
Weiten Südostasiens rätseln die Menschen darüber, weshalb
bestimmte Bodenschätze, Bodenformationen oder Fossilien von
Tier- und Pflanzenvorkommen auf so weit voneinander gelege-
nen Erdteilen wie Afrika und Südamerika bzw. Afrika und In-
dien vorkommen Erst in den 1970er Jahren wurde mit der
Anerkennung der von Alfred Wegener entwickelten Theorie der
Plattentektonik eine plausible Erklärung gefunden.

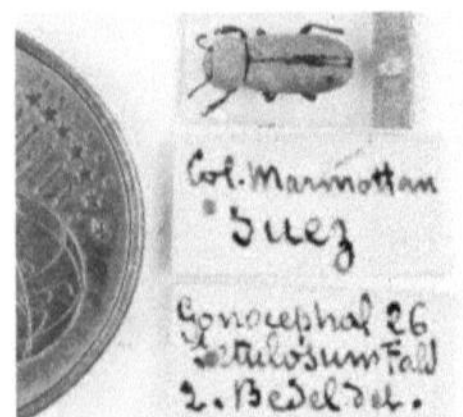
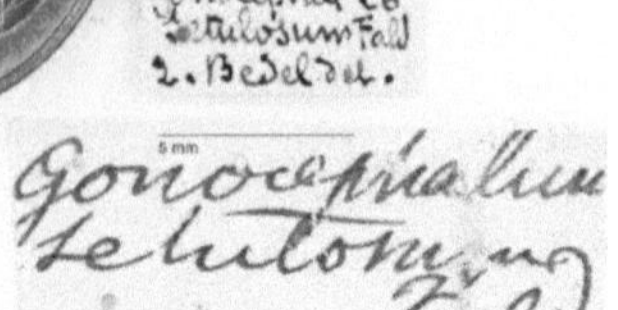

Suez

Name: *Gonocephalum setulosum*, Fald.
Fundort: **Suez**
Bestimmer: Bedel
Eigentümer: Marmottan

Push-Nachrichten aus dem Jahr 1869: [46]

Karlsruher Zeitung 30.10.1869, S.1:
„Gestern hat der Geh. Legationsrath v.Keudell seine Reise nach Aegypten angetreten, um als Kommissär des Norddeutschen Bundes an den Konferenzen Theil zu nehmen, die zur Herbeiführung von internationalen Vereinbarungen über den Verkehr auf dem Suezkanal in Kairo sattfinden sollen.“

Dresdner Nachrichten, 19.11.1869, S. 2:
„Port Said Hafen am Suezkanal. 16.November, abends. Die Feierlichkeiten haben begonnen. Unter freiem Himmel wurde eine religiöse Feier von Ulemas (mohamedanischen Priestern) und katholischen Geistlichen veranstaltet. Monsignore Bauer, Beichtvater der Kaiserin Eugenie, sprach den Segen unter großem Enthusiasmus. Zugegen waren der Vicekönig und seine Minister, die Kaiserin Eugenie, der Kaiser von Oesterreich, der Kronprinz von Preußen, die Prinzen der Niederlande und von Hessen, Vertreter aller Nationen und eine große Anzahl hervorragender Gäste.“

Grevenbroicher Kreisblatt, 24.11.1869, S.2:
„Durch kaiserliches Dekret wird Herrn v. Lesseps das Großkreuz der Ehrenlegion als außerordentlicher Beweis seiner Verdienste um den Suezkanal verliehen.“

Schwäbischer Merkur, 24.11.1869, S. 14:
„[..] Die Aussichten über den Einfluss des großen Werks auf den Welthandel der Zukunft gehen weit auseinander. Wir sehen nicht die großen Umwälzungen im ostind. Handel voraus, von welchen man bei Gelegenheit der Eröffnung des Kanals sprach. Im günstigsten Falle wird sich die Benützung der neuen Route nur allmählich anbahnen. So lange man mit der alten Eisenbahnroute Baumwolle für 4 Pfd.St. per Ton Fracht von Jahreszeit der Fall war, konnte man den Kanal entbehren, denn dieser wäre weder ein billigerer noch ein rascherer Weg gewesen.“

---

46 Deutsche-digitale-Bibliothek.de / Deutsches Zeitungsportal

Reise um die Welt

Name: *Eurytrachelus cervulus*, Boileau
Fundort: Insel **Bougainville** (Salomonen)

Jeder Mittelmeerfahrer kennt sie: die zyklamfarbenen Blütenkaskaden – eine Bougainville. Benannt nach dem ersten französischen Weltumsegler Louis-Antoine de Bougainville von dem Botaniker Philibert Commerson.

Am 4.Dezember 1766 ging Louis-Antoine de Bougainville mit der Fregatte „Boudeuse" in Brest und 217 Mann Besatzung unter Segel und nahm Kurs auf den Rio de la Plata, um dort mit zwei spanischen Fregatten zusammen zu treffen. Auf Geheiß des Königs sollte er dem spanischen Kommandanten die Malouinischen (heute: Falkland) Inseln übergeben. *„Die Franzosen hatten im Februar des Jahres 1764 auf den Malouinischen Inseln eine Kolonie angelegt. Spanien erhob jedoch Anspruch auf diese Inseln, da es sie als zum südlichen Amerika gehörig betrachtete. Der König von Frankreich hielt das Recht der Spanier für begründet, weswegen ich den Befehl empfing, ihnen diese Kolonie wieder zu überantworten und alsdann durch die Südsee zwischen den Wendezirkeln nach Ostindien zu segeln."* [47])

Am 31.1.1767 erreichte er Montevideo und am 1.April wurden die Malouinischen Inseln an die Spanier übergeben.

Die Reiseroute führte Bougainville dann nach Rio de Janeiro, wo er sich mit dem Fleute-Schiff „Etoile" (ein dickbauchiger, schwerfälliger Versorgungsschoner) traf um dann gemeinsam die Weiterreise gemäß Befehl des Königs anzutreten. Zurück am Rio de la Plata wurde er Zeuge der Jesuitenvertreibung aus den spanischen La-Plata Provinzen. Die Spanier befürchteten eine nicht mehr zu kontrollierende Handels Konkurrenz durch die einst mit Erlaubnis der spanischen Krone von den Jesuiten aufgebauten und betriebenen landwirtschaftlichen Siedlungen.

Nach etlichen weiteren Widrigkeiten starteten die beiden Schiffe schließlich am 14. November 1767 von Montevideo um die Durchfahrt durch die Magellanische Meerenge zu wagen. Seine Reise führte ihn unter großen Strapazen und mit vielen

---

[47] Klaus-Georg Popp (Hrsg) Louis-Antoine de Bougainville, Reise um die Welt, Stuttgart 1980

Rückschlägen vorbei an Patagonien und Feuerland. Am Ende, als er schließlich mit seinen Schiffen und allen Mann an Bord die Weite des Pazifiks vor sich hatte, war er der Erste, der die Magellanstraße kartiert und zudem den kürzesten Durchweg gefunden hatte. Bougainville schreibt (S.166): *"Ich schätze die ganze Länge der Magellanischen Meerenge vom Kap der Jungfrauen bis zum Kap der Pfeiler auf ungefähr 114 Seemeilen. Wir brauchten 52 Tage darüber zu."*

Am 2. April 1768 wurde der Vulkankegel von Tahiti gesichtet und Bougainville nannte ihn „Pic de Boudeuse". Am 4.April betraten er und seine Leute die Insel Tahiti und verließen sie wieder am 15.4.1768 unter freiwilliger Begleitung des Inselbewohners Aoturo.

Nach der Abreise von Tahiti musste Bougainville aber erst einmal eine andere Sache klären: war der Begleiter des Herrn de Commerson gar eine Frau?

Die folgende Irrfahrt durch die südostasiatische Inselwelt führte die Reisenden schließlich am Ende ihrer Kräfte, Skorbutkrank und halb verhungert, am 2.9.1768 in den Hafen der Insel und holländischen Niederlassung von Buru (Molukken). Jedoch musste man nach nur wenigen Tagen weiter nach Batavia eilen, weil der „*östliche Monsun herannahte. Wenn dieser vorbei war, konnten wir Batavia unmöglich erreichen, weil wir alsdann nicht nur widrigen Wind, sondern auch entgegengesetzte Ströme, welche sich nach dem Monsun richten, gehabt hätten.*".

Er stellt dabei fest, dass die Holländer die Fahrt nach Batavia viel gefährlicher darstellen, als sie ist. „*Wir kamen also den 28. September 1768 in einer der schönsten Kolonien der Welt an, nachdem wir 10 ½ Monate, von unserer Abreise aus Montevideo an, die See gehalten hatten.*" Es wurde den Leuten von Bougainville so angenehm wie möglich gemacht, es gab große Festessen, Konzerte, Schauspiel und Spaziergänge im Umland. Unfassbar die Ansicht des Stapelplatzes der reichsten Handelsstadt der Welt, das Getümmel der Völker, wie Bougainville schreibt. Er hebt hervor, dass der erste Prediger, ein Herr Mohr, sein unsägliches Vermögen dazu nutzte, in einem seiner Landhäuser aus Liebe zur Wissenschaft eine Sternwarte bauen zu lassen.

Am 16. Oktober ging die Reise weiter zur Ile de France (heute: Mauritius), die am 8.11. schließlich erreicht wurde. Hier verließen die Herren de Comersson mit seinem Begleiter Baré sowie Véron das Schiff um die Naturgeschichte der Ile de France sowie Madagascar zu erforschen.

Von hier aus ging es dann zügig über die Stationen Kap der Guten Hoffnung (8. Januar 1769), Sankt Helena (29. Januar), Insel Tercera (Azoren, 4. März) nach Frankreich zurück. *„Ich entschloss mich also, die Fregatte vor dem Winde nach Saint-Malo zu führen. Das war der nächstgelegene Hafen, der uns als Asyl dienen konnte. Am Nachmittag des 16. März lief ich daselbst ein. In den 2 Jahren und 4 Monaten, die seit unserer Abreise aus Nantes vergangen waren, hatte ich nur 7 Mann verloren."*

Soweit eine Kurzfassung des über 400 seitigen Reisetagebuches.

Die heutigen Transatlantik Segler treffen sich in der Marina von Horta auf der Insel Faial der Azoren und gehen dort vor Anker – ach je, das geht ja gar nicht, die Wassertiefe beträgt 4000 m! Dort darf jeder einen gemalten Gruß auf der Mole der Marina hinterlassen, der einen Nachweis zur Atlantiküberquerung erbringt. Ein toller Anblick! Die Farbe dazu gibt es in „Peters Café Sport", eine Kult Kneipe, gegründet 1918 von Jose Atzevedo. Jeder Segler kann dort seinen Wimpel, Mütze, Flagge, Fotos, was auch immer als Andenken hinterlassen. Auch können sich die Segler ihre Post oder gar Ersatzteile dorthin senden lassen. Der Espresso kostete zuletzt 40 ct Euro.

Faial hat dazu auch die richtige Geschichte, denn sie ist der ehemalige Transatlantik-Kabel-Knotenpunkt: 1893 verlegte die „Europe & Azores Telepgraph Co." das erste Unterseekabel zwischen Lissabon und den Azoren. Es kommt am Fuß des Monte du Guia zutage und diente vorwiegend der Übertragung von Wetterdaten. Später folgen die Engländer, Deutschen und Amerikaner mit ihren Kabeln, die Deutsch-Atlantische Telegraphengesellschaft verlegte die Kabel 1903 von Emden aus.

1919 landete das erste Wasserflugzeug in Horta, 1933 machte Charles-Lindbergh-Station mit einer Lockheed Sirius im Hafen von Horta zur Erkundung einer dauernden Transatlantik-Flug-Station. 1943 ist Horta U-Boot-Stützpunkt der Alliierten. 1957 beendete schließlich ein Vulkanausbruch die Geschichte der Kabelstation.[48]

---

48) www.azoren-online.com

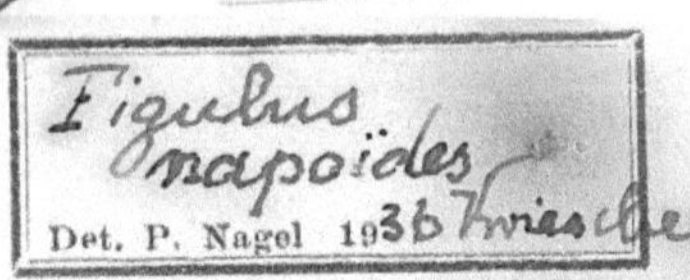

Tahiti

Name: *Figulus napoides*, Kriesche
Funddatum: 1936
Fundort: **Taïti**
Bestimmer: Nagel

Wovon träumen Sie, wenn Sie an die Südsee denken? Richtig: strahlend blauer Himmel, weiße Strände, türkise See, Wärme, exotische Früchte, Fisch, tanzende Ureinwohner im Baströckchen.

Bougainville war nicht der Erste auf Tahiti [49] und er war nur 9 Tage dort – dennoch wurde sein mystifizierender Bericht die Basis der Sichtweise Mitteleuropas auf Tahiti. Er nannte die Insel „Neu-Khytera", nach dem Geburtsort der Schönheit und Liebe aus der griechischen Mythologie. Tahiti bildet noch heute das Sinnbild für die Schönheit der Welt. Nachdem dann ein Jahr später Johann Forster auf dem Schiff von James Cook in die Gegend kam (er sollte die Terra Australis erkunden), war der Mythos Südsee endgültig besiegelt.

Drei Elemente des Reiseberichtes des mitreisenden Botaniker Philibert de Commerson formten den Mythos: da sind Metaphern für die Naturwahrnehmung wie „der Garten Eden", es folgt eine Anspielung auf die griechische Aphrodite-Insel Kythera einhergehend mit der Überhöhung der Schönheit der Frauen und der Rolle der Liebe im Alltagsleben. Das Ganze wird vermengt mit dem von Rousseau gebildeten Menschenbild der Aufklärung vom grundsätzlich „guten" Menschen.

In der Folge entstand eine Welle literarischer Werke von Abenteuer- und Reiseromanen und literarischer Reiseberichte als Ersatz für Erleben und Empfinden. Die Figur des „guten Wilden" entsteht, der mit sich und der Natur im Einklang lebt (Robinson Crusoe). Die Südsee wurde zu Kulisse und Schauplatz deutscher Auswanderungs-, französischer Erotik – und britischer Herrschaftsfantasien. [50]

In den 1980er Jahren erfolgte davon eine Neuauflage mit Begriffen wie „überwältigend artenreiche Flora" und anderer Überhöhungen unter Ausblendung der kolonialen oder postkolonialen Realität – der Massentourismus hatte die Südsee entdeckt.

---

[49] Terra X „Mythos Tahiti", ZDF 2020, verfügbar in der Mediathek bis 2030
[50] Hall, Anja, Paradies auf Erden? Würzburg 2008

Coromandel

Name: *Anthia sexguttata*, F.1775
Fundort: **Coromandel**
Sammler: M.Maindron

Der Landstrich Coromandel ist den Insektenforschern und - Sammlern ein bekannter Fundort. Dennoch gibt es einen Fallstrick.

Aber fangen wir von vorne an. Als Coromandel wird die indische Südostküste bezeichnet. Der französische Insektenspezialist Maurice Maindron hat diese Küste in mehreren Forschungsreisen erkundet. H. Desbordes schreibt 1911 in seinem Nachruf: *„Maurice Maindron [..] besaß ausgebreitete Kenntnisse in den verschiedensten Disziplinen und interessierte sich in gleicherweise für Geschichte und Archäologie wie für Literatur und die Naturwissenschaften. [..] Von seinen zahlreichen Reisen hatte er große Sammlungen mitgebracht, [..] später ging er nach dem Senegal, nach Obock, nach Mascate, nach Java, Sumatra, der Küste Koromandel etc., und zuletzt nach Südindien. Die Hauptmasse seiner Ausbeuten ging stets an das Naturhistorische Museum zu Paris,[..]“* [51])

Die Coromandelküste war wegen ihrer üppigen Bodenschätze und reichlichen Früchte, Gewürze und anderem exotischen Kram, vor allem auch wegen ihrer strategisch günstigen Lage zu weiteren fernöstlichen Gefilden bei den Kolonialmächten heiß begehrt. Erstmalig „entdeckt“ haben sie die Niederländer (VOC) im 16. Jahrhundert. Nach und nach siedelten sich dort dann auch noch andere Kolonialmächte an: Frankreich, England, Spanien, Portugal und Dänemark. Und natürlich gab es bald Streitereien um die Kontrolle des Indienhandels, die die Engländer anzettelten und am Ende gewannen. Flugs bauten sie ein Schiff, tauften es Coromandel, luden alle Sträflinge ein und ab gings in die Südsee – auf Nimmerwiedersehen. Irgendwann landete das Schiff dann doch an einer unbekannten Küste in rauen südlichen Gefilden. Vor Freude darüber und wieder frei an Land zu sein, tauften die Seefahrer dieses Stückchen Land „Koromandel“. Später stellte sich heraus, dass sie an einem nordöstlichen Zipfel der kleineren der beiden neuseeländischen Inseln gelandet waren.

---

[51] Schaufuß, Schenkling, Rundschau, Marktbericht Deutsches Entomologische Nationalbibliothek, Nr. 17, Berlin 1911

Pionierbivak

Name: *Xylothripes religiosus*, Boisduval
Fundort: Mamberamo River **Pionierbivak**
Funddatum: Juni-Juli 1920
Sammler: W.C.v.Heurn
Bestimmt: Pierre Lesne

Neu Guinea ist eine der größten Inseln der Erde. Als Tropeninsel weist sie das entsprechende Tageszeitenklima mit gleichmäßig hohen Temperaturen, hoher Feuchtigkeit durch nahezu tägliche Regenfälle und daraus folgend üppiger Vegetation auf. Geomorphologisch ist das stark zerklüftete Zentralgebirge mit Gipfeln bis zu 4500 m Höhe charakteristisch. Noch immer werden Geschichten über Kulte mit schwarzer Magie, Hexerei und Kannibalismus erzählt.

1897 wurde in Batavia das „Indies Committee for Scientific Investigations" (niederländisch: Indisch Comité voor Wetenschappelijke Onderzoekingen, ICWO), gegründet. Das Komitee vertrat die Interessen der niederländischen Ostindien Kompanie (VOC) und hatte zum Ziel, Land und Leute in Ostindien für die Interessen von Landwirtschaft und Industrie zu erkunden. Es arbeitete im Einvernehmen mit der „Gesellschaft zur Förderung der physischen Erforschung der niederländischen Kolonien" in Amsterdam.

Nachdem die Deutschen ihre Kolonien nach dem verlorenen Weltkrieg 1918 abgeben mussten, und bereits in den Jahren 1907 und 1913 zwei Erkundungsexpeditionen auf Neu-Guinea erfolgreich waren, erteilte das Komitee den Auftrag für eine weitere, 3. Erkundungsexpedition auf Neu Guinea, diesmal in das Zentralgebiet. Sie sollte der Vermessung der zentralen Gebirgskette dienen und stellte gleichzeitig den Versuch dar, den schneebedeckten Mt. Wilhelm (4500 m), die „Wilhelmina" auf dem Zentralplateau des Bismarckgebirges von Niederländisch-Neuguinea aus zu erreichen. Zur Erkundung einer geeigneten Route durch das unwegsame Gelände wurde der Expedition eine militärische Vorerkundung vorangestellt. Diese richtete die 4 Lager „Pionierbivak" (Entdecker-Camp), „Bataviabivak" (Batavia Camp), „Prauwenbivak" (Kanu-Camp) und „Swart-vallei" (Swart-Tal) ein. Die nachfolgenden Wissenschaftler folgten mit zwei Seglern den Fluss Mamberano hinauf, wo zuerst das Pionierbivak erreicht wurde. [52]

---

52 www.west-papua.nl

Neu Guinea

Herbertshöhe, Friedrich Wilhemshafen, Neu-Pommern, Stephansort, Sattelberg, – klingt alles sehr deutsch – war es auch.

Als 1545 der spanische Seefahrer Ortiz de Retes auf der Insel landete, nannte er sie Neu-Guinea, weil er sich an das afrikanische Guinea erinnert fühlte, an der er vorbeigesegelt war. Schon früh machten sich die Niederländer auf dem Westteil der Insel breit. Erst 1860 wird die Firma Godeffroy&Sons aus Hamburg eine Handelsniederlassung für Kopra einrichten. Kaum hatten die Hamburger ihr Werk begonnen, tauchten natürlich auch die Engländer auf – und es gab dann auch hier Streit.

1882 gründete in Berlin eine Gruppe Investoren das Neuguinea-Konsortium mit dem einzigen Ziel, Ländereien auf Neuguinea und der weiteren Südsee zu erwerben. Als schließlich 1884 Großbritannien den Ostteil Neuguineas für die englische Krone vereinnahmte, beanspruchte das Neuguinea-Konsortium kurzerhand die Nordküste und das Bismarck-Archipel.

Mit Papua-Neuguinea verbinden heute noch viele Menschen den Mythos des Kannibalismus – Menschenfresser, der Missionar im Kochtopf. Was für Missionare das schlimmste Verbrechen war und daher als Vorwand für ihre

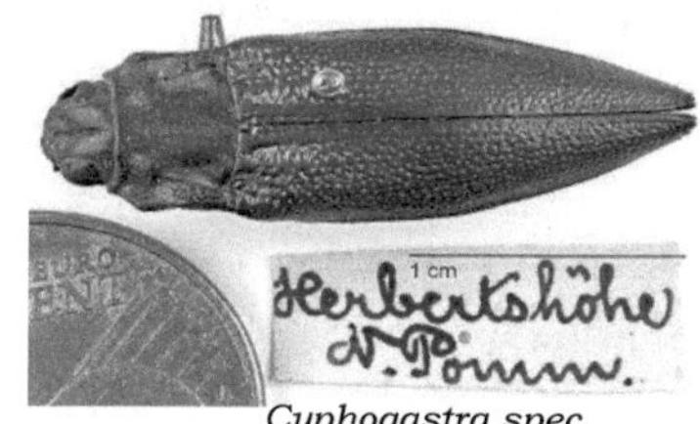

Cyphogastra spec.

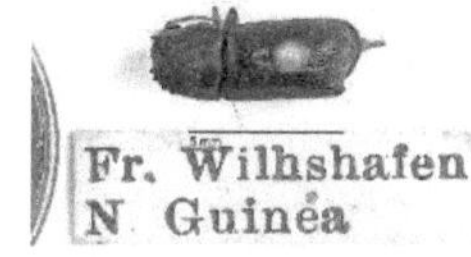

Xylothrips religiosus

Erytrachelus intermedius

Erytrachelus egregius

Eupholus anuverus

Missionierungsbemühungen herhalten musste. Lange Zeit galten jedoch Berichte über Kannibalismus als bloße Begründung für die Übergriffigkeiten der „Kolonial-"herren". Inzwischen haben sich weltweit vielfältige historische und naturwissenschaftliche Belege zum Nachweis von Kannibalismus gefunden. [53]

Im Rahmen der Kolonisierung von Ländern erfolgte immer auch eine intensive Missionierung der einheimischen Bevölkerung, mit welchen Gründen auch immer.

In den 1980er Jahren begegnete dem Deutschlehrer Craig Volker in Australien eine deutsch sprechende Frau aus Papua-Neuguinea, die bei ihm einen Deutschkurs an der High-School belegen wollte. Die Geschichte ging unter und wurde erst 2014 von Peter Maitz, einem Professor für Germanistik an der Uni Augsburg wiederaufgenommen. Heute zählt diese Sprache unter dem Begriff „Unserdeutsch" zu den Kreolensprachen. [54]

Hier eine kleine Geschichte über die Sterne:

Die Sterne lebten früher auf der Erde, wunderschöne kleine Wesen, wie Elfen, mit Perlen und Muscheln behangen und einem betörenden Gesang, der den Menschen den Eindruck des Paradieses gab. Aber sie waren sehr scheu, die Menschen durften sie nicht sehen. Sie lebten deshalb im undurchdringlichen Dschungel.

Ein neugieriger Papua suchte sie und fand sie eines Tages an ihren Sternenstätten, ihr Gesang zog ihn magisch an, er sah die schönsten Steine durch die Schlingpflanzen glitzern.

Im Schutz der Dunkelheit, verborgen von den Pflanzen schlich er sich immer näher heran. Die Pracht und das Schauspiel ihres Tanzens machten ihn aber so unvorsichtig, dass er sein Versteck verließ. Als die Sterne ihn sahen, flüchteten sie panisch durch die Luft in den Himmel und verbreiteten sich am ganzen Firmament. [55]

---

[53] Jakat, Lena, Mythos Menschenfresser, Süddeutsche Ztg 21.10.2011
[54] Solfrank, Peter, Augsburger erforschen Südsee-Deutsch, BR 1.11.2026
[55] nach: Ludwig, Klemens, Flüstere zu dem Felsen, Breisgau 1993

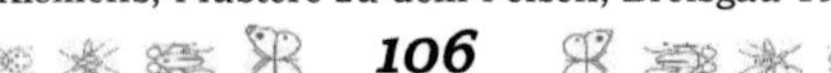

Diego-Suarez

Name: *Desmidophorus centralis*, Frm.
Fundort: **Diego-Suarez**

Sieht er nicht kuschelig aus – der kleine „Wollpulli""? Sein dichter Haarpelz macht, ähnlich wie bei den Bienen, einen putzigen Eindruck und weckt das Streichelgefühl. Haare bei Insekten sind nicht aus Horn sondern auch aus Chitin, eine Bildung der Oberfläche des Insektes. Sie haben wie bei den Säugetieren dieselbe Funktion: Kälte- oder Wärmeisolation, schmutzabweisend oft auch zur Wahrnehmung von Signalen aus der Umgebung. Auch heften sich beim Nektarlutschen Pollen an, womit diese Kuscheltiere im Dienst der Fortpflanzung stehen. Deshalb haben wir Obst und Gemüse.

Wer oder was ist oder war nur Diego Suarez? Der zusätzliche Begriff „Territoire" deutet eine Region an. Der Atlas verrät, dass es ich dabei um eine Region im Norden Madagascars handelt.

Als überführter Mörder wurde Diego Soares (spanisch Suarez) 1538 nach Indien verbannt, wo er sich als Söldner verdingte. Er führte ein typisches Piratenleben, von Mord über Flucht bis zu Überfällen auf andere Schiffe und Orte. Er errang Freundschaften mit Fürsten in Indien und verspielte sie. Im Jahr 1543 landete er schließlich als Entdecker und Pirat an dieser reizenden Bucht, die wie ein natürlicher Hafen geeignet war, eine ganze Flotte aufzunehmen, und versteckte sich vor seinen Häschern. Doch er wandte sich wieder der Piraterie zu, plünderte die Küstenregionen und machte sich mit großen Mengen Silber und zahlreichen Sklaven an Bord nach Indien davon. Als Freund und Heerführer des Königs Tabinshwehti kämpfe er 1548 im Krieg gegen die Siamesen und kam dabei ums Leben. Posthum ehrten ihn die nachfolgenden Portugiesen als Entdecker und erwiesen ihm die Ehre, den Ort nach ihm zu benennen.

Vielleicht war es aber auch ganz anders und es handelte sich um den portugiesischen Entdecker Diego Dias, der unter Vasco da Gama auf Kreuzfahrt war um den Arabern den Gewürzhandel abzujagen... So ganz klar ist das bis heute nicht.

Usambara

Name: Eupolia meinhardti, Kol
Fundort Nguelo, **Usambara**
Händler: H.Rolle Berlin

*„Da ist nur er und diese Pflanze, zu der er gelockt wurde; vom Zufall, vom Schicksal oder vom Duft des Gewächses. Leonhard Hagebucher, ein junger Botaniker, unterwegs auf einer For-*schungsreise in Afrika, kniet in diesem Augenblick nach vorne gebeugt, die Ellbogen aufgestützt, und atmet tief ein: [..] Gleich streicht er mit den Fingerspitzen über die fünfblättrigen, meist violetten, manchmal aber auch ins Blaue driftenden Blütenkelche. Über die gelben Staubfäden. Als sei die Pflanze seine Geliebte.“*[56])

Kennen Sie das Usambara-Veilchen? Mindestens Ihre Großmutter hat bestimmt ein solches gehabt – es ist eine kleine Blühpflanze, die seit den 1940er Jahren in keiner Wohnung fehlte.

Entdecker ist der koloniale Zolldirektor und Generalvertreter der Deutsch-Ostafrikanischen Gesellschaft (DOAG) für Sansibar, Ullrich von Saint-Paul-Illaire. Eines Tages fiel ihm in einer schattigen, humusreichen Felsspalte der Usambaraberge eine kleine, blaublühende Pflanze auf. Und da Form und Farbe ihn an ein heimisches Veilchen erinnerten, taufte er das Pflänzchen mit den fleischigen, behaarten Blättern kurzerhand Usambara-Veilchen. „Saintpaulia ionantha“ heißt es mit richtigem Namen, und gehört zu den Gesneriengewächsen. Es blüht ganzjährig ursprünglich blau-lila, muss bei etwa 20°C Zimmertemperatur hell stehen, verträgt aber keine direkte Sonne, zugfrei mit hoher Luftfeuchtigkeit. Es braucht angewärmtes Gießwasser.[57]).

Die Usambara-Berge liegen nord-südlich streichend unweit der Küste zum Indischen Ozean und zur Grenze Kenias. Die Berge erreichen Höhen bis ca. 2400 m. Sie bilden heute ein Restrefugium tropischer Regenwälder und zählen zu den artenreichsten Regionen der Welt. Seit dem Jahr 2000 gelten die Usambara Berge als UNESCO-Biosphärenreservat.

Bekannt wurde das Usambaraveilchen erst nach dem Tod seines Entdeckers 1940.

---

56 Ruf, Oliver, Rezension zum Roman „Usambara“ von Christof Hamann, Tagesspiegel 9.12.2007
57 Kiesel, Notger, Hrsg., Zimmerpflanzen, Vaduz 1988

Sansibar

Name: *Zonabris oculata*, Chub.
Fundort: **Zansibar**

... „*die Luft erfüllt vom Duft der Blüten und Gewürze, endlose Tage in herrlichen Gärten und prunkvollen Gemächern, umsorgt und geliebt von der Familie - Salimas Leben könnte schöner nicht sein. Doch die unbeschwerten Jahre der Tochter des Sultans von Sansibar finden ein jähes Ende, als sie dem deutschen Kaufmann Heinrich begegnet. Die beiden verlieben sich, und schon bald wird die junge Frau schwanger. Für eine muslimische Prinzessin ist ein uneheliches Kind undenkbar, einen Ungläubigen zu heiraten kommt allerdings auch nicht infrage. So bleibt als Ausweg nur die Flucht nach Hamburg, in Heinrichs Heimat.*“ [58]).

Eine wahre Geschichte: die Prinzessin von Oman und Sansibar, Salama bint Said, auch Sayyida Salme genannt, heiratete den Hamburger Kaufmann Rudolph Heinrich Ruete und lebte nach seinem frühen Unfalltod als Schriftstellerin und Lehrerin unter dem Namen Emily Ruete. 1886 erschienen Ihre „Memoiren einer arabischen Prinzessin". Es ist die erste Autobiographie einer arabischen Frau in der Literatur. Sie fand auf dem Ohlsdorfer Friedhof in Hamburg ihre letzte Ruhe, die Grabstätte wird als Prominentengrab bewahrt.

Schon immer faszinierte mich der leise Singsang dieses Namens. Der Geruch von Ferne und Abenteuer hängt daran. Als Kind einer Hafenstadt ist es schwierig, sich dem wirren Knäuel aus Seemannsliedern und Seemannsgarn zu entziehen. Dieses Flair ist verloren, Häfen sind heute technisiert und auf Schnelligkeit getrimmt - Zeit ist Geld – für Abenteuer bleibt da kein Platz mehr.

Sansibar kann bereits im 10. Jahrhundert als Drehscheibe des Asienhandels angesehen werden, Gold, Elfenbein, Weihrauch und Textilien wechselten hier die Besitzer, persische Händler siedelten sich an. Später kam der Anbau von Gewürznelken und Kokospalmen sowie der Sklavenhandel an der ostafrikanischen Küste dazu. 1831 verlegte der Sultan aus Oman

---

[58] Vosseler, Nicole C., Sterne über Sansibar (historischer Roman), Klappentext, 2011

seinen Wohnsitz in die Hauptstadt und Sansibar wurde unabhängiges Sultanat.

Im 19. Jahrhundert vereinnahmten das Deutsche Kaiserreich und das Vereinigte Königreich England sämtliche Regionen an der ostafrikanischen Küste. Es kam – wie immer – zu Streitereien. So setzen sich die Vertreter dieser beiden Großmächte zusammen und der bereits von Otto von Bismarck vorgeschlagene „Sansibar-Helgoland-Vertrag" vom 1. Juli 1890 sollte die Gebiets- und Hoheitsansprüche in den afrikanischen Kolonien regeln. Helgoland war Eigentum des Britischen Königreiches, Sansibar jedoch ein freies Sultanat.

Das Interesse Deutschlands an Helgoland war strategischer Natur beim Ausbau der Deutschen Seeflotte. Erst seitdem gehört Helgoland zu Deutschland. Es waren die Engländer, die versuchten, am Ende des 2. Weltkrieges den roten Felsen Helgoland zu zerstören, die Reste können wir heute noch besuchen und dort kiloweise zollfreie englische Karamellen kaufen.

Seit 1892 wird hier geforscht, die unterseeische Felslandschaft birgt die reichste marine Tier- und Pflanzenwelt der deutschen Küsten. Seit 1998 gehört die Biologische Anstalt Helgoland zum Alfred-Wegener-Institut (AWI).

Gouverneur

Name: *Apate degener*, Murray
Fundort: Kamerun
Eigentümer: **Bennigsen**

In Hannover laufen Sie am Ufer des Maschsee das „Rudolf-von-Bennigsen-Ufer" entlang. Namengeber diese Straße ist der Reichstagsabgeordnete Rudolf von Bennigsen. Gelegentlich wird dieser Karl Wilhelm Rudolf von Bennigsen mit seinem Sohn Rudolf verwechselt. Und um Letzteren geht es hier.

Im Nachruf der Entomologischen Mitteilungen schreibt Walter Horn: Rudolf von Bennigsen (1859-1912), war „... *frühzeitig in den Kolonialdienst übergegangen. [..] 1893-98 war er Kaiserlicher Finanzdirektor und zeitweise stellvertretender Gouverneur von Deutsch-Ostafrika. [..]. 1899 übernahm er dann die neu geschaffene Stellung als Gouverneur von Neu Guinea. 1902 zwangen Ihn immer wiederkehrende Malariaanfälle seinen Posten niederzulegen. Er arbeitete darauf jahrelang in führender Stellung in der Redaktion der „Kölnischen Zeitung" und trat schließlich als Direktor in die Leitung der „Deutschen Kolonial-Gesellschaft für Südwestafrika" ein.*

Von Jugend ein begeisterter Coleopteren-Sammler, hat Rudolf von Bennigsen diese Liebe sein ganzes Leben lang bewiesen und mit seltener Ausdauer seine zahlreichen Beziehungen benutzt, um wertvolles Material zu sammeln beziehungsweise sammeln zu lassen, besonders bevorzugte er dabei die Fauna der deutschen Kolonien. Ohne selbst publizierend hervorzutreten, hat er zu zahlreichen wissenschaftlichen Arbeiten Veranlassung gegeben (viele neue Spezies tragen seinen Namen). Die Beziehungen unseres Museums (Anm.: Deutsches Entomologisches Museum) *zu ihm gehen bis in das Jahr 1893 zurück (1896 fing die Bearbeitung seiner Ausbeute von Deutsch-Ostafrika in der entomologischen Zeitschrift an). 1896 trat ich mit ihm in persönliche Fühlung; seit 10 Jahren war ich in den meisten entomologischen Fragen sein Vertrauter und Ratgeber gewesen. Auch sonst waren wir uns freundschaftlich recht nahe gekommen."* [59]

---

[59] Horn, Walter, Nachruf R.vB, entomologische Mitteilungen 1912

Lappmark

Name: *Cephenomyia stimulator*, Cark
Fundort: **Lappmark**
Funddatum:1941
Sammler: Zumpt

Lappmark ist ein veralteter schwedischer Begriff für die Regionen, die von dem Volk der Samen bewohnt werden. Diese Volksstämme wurden früher als „Lappen" bezeichnet, ein Begriff, der wegen seiner diskriminierenden Eigenschaft heute nicht mehr verwendet wird. Eine Region mit dem Namen „Samland" ist aus Ostpreußen bekannt, wieweit hier ein begrifflicher Zusammenhang besteht, wurde nicht untersucht. Lappland, der Norden Europas, war ein weißer Fleck auf der Landkarte.

Am 13. Mai 1732 reiste Carl Linné *„nach Lappland [..], zu Pferde, ohne Impedimente und bloß wie man geht und steht. [..] von Umna aus ging Linnäus den Fluss hinauf nach Lycksele [..] zu Fuss durch Wälder und Moräste. [..] er setzte darauf die Reise über den ganzen Gebirgsrücken fort, immer zu Fuß, bis er in die norwegische Finmark hinunter kam [..] an das nördliche Meer [..] und wollte nach den Tornea-Alpen, aber inzwischen kam ihm der Winter in den Wurf, daß er umkehren mußte, da er dann den östlichen Strandweg zurückkreiste, [..] nach Abo. Dergestalt war er in diesem Jahre über 1000 Meilen gereist, und als er heimgekommen war, übergab er der Wissenschafts-Societät seinen Reisebericht und erhielt ihre Billigung, wie auch 112 Thaler Silbermünze, welche ihm die Reise gekostet."* [60]

Die Reise Linnés war zum einen darin begründet, sich selbst zu profilieren und die Basis einer Karriere zu legen. Zum anderen lagen auch nationale Interessen vor, wie zum Beispiel die Suche nach Rohstoffen und Abbaumöglichkeiten. Auftraggeber dieser Reise waren also König und Regierung.

Zuvor hatte er, der gerade 23-jährige Linné, eine neue Systematik der Natur entwickelt, die er auf dieser Reise gewissermaßen testen konnte. Im Vorwort des Dr. Rudolphi zur Übersetzung der eigenhändigen Aufzeichnungen von Linné vom Juli 1826 heißt es:

„Linné war der Schöpfer einer Terminologie, die den Beschreibungen der Naturkörper Festigkeit und allgemeine Verständlichkeit

---

[60] Linés eigenhändige Aufzeichnungen über sich selbst, Übers. Von Karl Lappe, Berlin 1826

giebt, während vorher die mehrtsen Kunstwörter schwankend waren, da sie keine Allgemeingültigkeit hatten. [..] Linné [..] theilte aber, so viel es ihm möglich war, die Gattungen sorgfältig ab, und gab den Unterabtheilungen, wo es anging, eigene Nebennamen. [...] Die Spezies sah Linné mit recht als die Hauptsache an, und wären dieselben alle scharf bestimmt, so wären auch die Gattungen, Ordnungen und Klassen leicht gegeben. [..] Möchten sich doch Naturforscher vereinigen, eine Fauna Europaea, oder auch nur eine Fauna Germanica in dem Geiste der linnéischen Fauna Suecica zu schreiben: mit den wesentlichen Characteren der Gattungen, mit Definitionen der Arten, mit gedrängten Beschreibungen, gewählter Synonymik und mit Angabe des Vorkommens. Es würde eine der größten Bereicherungen sein, die der Naturgeschichte zu Theil werden könnte, [..]."

Die „Fauna Germanica" schrieb 80 Jahre später, 1908, der Entomologe Edmund Reitter unter dem Titel: „Die Käfer des Deutschen Reiches".

Das Tagebuchmanuskript Linnés über die Lapplandreise wurde 1811 posthum von James Edward Smith als englische Übersetzung unter dem Titel „Lachesis lapponica" in London veröffentlicht.

Die Einführung der binären Nomenklatur sowie eine damit einhergehenden Einführung kurzer zusammenfassender Berichte über die Erkennungsmerkmale aller bis dahin bekannten Formen, sozusagen Steckbriefe, durch Carl Linné, ergab erstmalig die Möglichkeit einer allseits klaren Benennung einerseits und damit einer leichten internationalen Verständigung über Sammlungsobjekte andererseits. Dies lud zum Sammeln ein, ja Sammeln wurde geradezu Mode! Sein Schüler, Johan Christian Fabricius, war obendrein nicht nur sein ergebenster Mitarbeiter, sondern der größte Propagandist dieser neuen Zeit.

Von Linné selbst stammt der Satz: *„Cognitione specierum innititur omnis solida* **erudittio**" oder „Jede fundierte Ausbildung fundiert auf der Kenntnis der Art". Ergänzt von seinem großen Schüler Fabricius: *„Nomina si pereunt, perit et cognitio rerum".* *Oder:* „Wenn das nominal untergeht, so untergeht es auch nach der Kenntnis der Tatsachen."

Es gilt aber auch, dass die Kenntnis des Namens immer nur den allerersten Anfang unseres Wissens darstellen sollte und dürfte. [61])

---

61 Horn, W, Über die vergangenen Zeiten der Liebhaberkreise in Mittel – Europa, Entomologische Beihefte Berlin-Dahlem, Bd 4, 1937

Finlande

Name: Amara aulica, Panz.
Fundort: Fluss Pjosa, **Finlande**
Sammler: Kihlmann

Es gibt heute Länder in Europa, deren Territorium über Jahrhunderte immer wieder zum Spielball ihrer Nachbarn wurden, dazu gehört Finnland. Der hier benannte Fundort, Fluss Pjosa in Karelien, gehört heute zu Russland.

Jahrhundertelang war West-Finnland ein Teil Schwedens, schwedisch ist auch heute noch die Amtssprache. Schon im 13. Jahrhundert stritten sich die Schweden mit Nowgorod um das finnische Territorium. In mehreren Kriegen mit den Nachbarn Dänemark, Polen und Russland festigte Schweden allmählich seine Vormachtstellung im Ostseeraum zu einem starken Zentralstaat.

Im großen nordischen Krieg schwand jedoch diese Vormachtstellung, als Russland Finnland besetzte und vereinnahmte. Dies wiederholte sich mehrfach bis zum Russisch-schwedischen Krieg im Schatten der napoleonischen Feldzüge 1808/09. Der im Anschluss abgeschlossene Friedensvertrag von Frederikshamn band Finnland schließlich als autonomes „Groß-Fürstentum Finnland" an Russland. Erst die Oktoberrevolution 1917 ermöglichte Finnland die Loslösung. Am 6.Dezember 1917 beschloss das finnische Parlament die finnische Unabhängigkeitserklärung.

Ganz besonders zur Entwicklung des finnischen Nationalbewusstseins hat wohl das „Kalevala" beigetragen. Es handelt sich dabei um ein von Elias Lönnrot im 19. Jahrhundert zusammengestelltes Epos auf Grundlage mündlich überlieferter Mythen und Legenden aus dem finnischen Regionalraum. Das Epos beginnt, wie alle Epen, mit der Entstehung der Welt:
„Nicht verschlingt der Schlick die Eier, nicht verschluckt die See die Stücke;
Sie verwandeln sich zum Guten, schön gestaltet alle Stücke:
aus des Eies untrer Hälfte wird die Mutter Erde unten,
aus des Eies obrer Hälfte wird der hohe Himmel oben;
aus dem obren Teil des Gelbeis wird die Sonne weithin strahlend,
aus dem obren Teil des Weißeis wird der Mond mit mildem Glanze; was gesprenkelt in dem Ei ist, wird zu Sternen hoch am Himmel,

das was dunkel in dem Ei ist, wird zu Wolken in den Lüften.“

Es endet nach 50 Gesängen mit der Ernennung eines Königs, infolgedessen Väinämöinen, der Held des Epos, auf seinem kupfernen Boot dahin fährt wo sich Himmel und Erde berühren:

„[..] Seither wuchs Marjattas Söhnlein schnell heran zu großer Schönheit; [..].
Eilig taufte da der Alte, weihte er das kleine Kindlein
Dann zum König von Karelien, einen Hüter aller Herrschaft.
Unwirsch ward da Väinämöinen, unwirsch ward er spürt die Schande,
schritt davon bedachten Schrittes an den Strand, bespült vom Meere,
dort begann er gleich zu singen, sang zum allerletzten Male,
sang sich einen Kahn aus Kupfer, [..]“ [62]

Bereits 1906 hatte Finnland als erstes europäisches Land, nach Neuseeland und Australien, das Frauenwahlrecht eingeführt. Die finnische Sprache unterscheidet sich erheblich von den in Europa verbreiteten Sprachen und ist eher mit dem Estnischen als dem Ungarischen verwandt. Sie scheint zur Familie der uralischen Sprachen zu gehören.

Und ganz besonders für die Zoologen ist die Saimaa Ringelrobbe „Pusa hispida saimensis“ hervorzuheben. *„Die Saimaa Robbe in Finnland ist eine der wenigen Süßwasser-Robbenarten und hat ihren Namen von den vielen schwarzen Ringeln auf ihrem grauen Fell. Die Ringelrobben leben in Isolation von anderen Robbenarten, was durch die nach der Eiszeit geschlossene Verbindung zwischen dem Saimaa und der heutigen Ostsee geschuldet ist.“* [63]

Eine andere, sehr bekannte Süßwasserrobbe ist die Baikal-Robbe „Pusa sibirica“. Anders als für die Saimaarobbe konnte die Wissenschaft bisher nicht endgültig klären, wie diese Robbe im Baikalsee „gefangen“ wurde, eine in der Erdgeschichte bestehende Verbindung zum offenen Meer, wie sie bei dem Saimaa-See nachweisbar ist, ist für den Baikalsee nicht herleitbar.

Name. *Aulonocarabus canaliculatus*
Sammler: Niclas
Fundort: **Baikal**

62 Lönnrot, Elias, Kalevala, München 1967, Reclam 1985
63 www.visitsaimaa.fi

Hedin

Name: *Agelastica coerulea*, Baly
Fundort: Urumchi
Funddatum: 1928
Sammler: Hummel
Sven Hedins Exp.Ctr.Asien

Stellen Sie sich vor, Ihr 13-jähriges Kind beginnt nach den Beschreibungen seiner liebsten Abenteuergeschichten geografische Karten zu zeichnen und vollendet 5 Jahre später einen 6 bändigen Weltatlas.

Es ist müßig, alle seine Expeditionen zu beschreiben, das können andere Autoren besser. Es gibt so viele Bücher von und noch mehr über Sven Hedin, dass sie Bibliotheken füllen. Seine eigenen Bücher verstauben jedoch in den hintersten Regalen der Bibliotheken, weil auch er eines Tages an die Richtigkeit einer Idee glaubte, die 1945 fürchterlich endete. Mit nur 2 Sätzen zum Tode Adolf Hitlers hatte er sich, inzwischen 81-jährig, dann endgültig ins gesellschaftliche und politische Abseits geschossen.

1865 als 2. Sohn von insgesamt 7 Kindern an einem Sonntag in die Geborgenheit und Sicherheit einer schwedischen gutbürgerlichen Familie geboren, verschaffte ihm diese erste Karte von der Größe eines Bettlakens die Aufgabe, mit gerade 20 Jahren als Hauslehrer des Sohnes von Alfred Nobel nach Sibirien engagiert zu werden. Dort machte er sich nach 9 Monaten und Vollendung seiner Aufgabe nicht etwa auf den Weg nach Hause, sondern nach Persien auf. Seine erste große Expedition, allein, auf hintereinander 8 Pferden, die er nicht verschliss, sondern sorgfältig nach den Anforderungen auswählte. Wieder zu Hause verfasste er einen Reisebericht von 450 Seiten.

Damit begann ein Forscher- und Abenteurerleben, das Seinesgleichen sucht, am Ende war Sven Hedin einer der letzten Universalforschungsreisenden und gleichzeitig Abenteuerromanscheiber. Er studierte bei Ferdinand von Richthofen in Berlin Geografie, lernte 6 Sprachen fließend sprechen, schüttelte allen Großen seiner Zeit die Hand und war deren Gesprächspartner, erhielt Orden über Orden. Er ließ sich auf seinen Reisen von nichts und Niemandem einschüchtern, vermass Seen und Berge und Wüsten, und schrieb und schrieb in jeder

Lebenslage hunderte von Seiten Tagebücher und Briefe in die ganze Welt. Und doch gibt es Menschen, die noch nie etwas von ihm gehört oder gar gelesen haben.

Diese „Expedition Center Asien", auch als chinesisch-schwedische Expedition bezeichnet, war seine letzte und dauerte über 8 Jahre, von 1927 bis 1935.

Der von den politischen Ereignissen enttäuschte 62-jährige Hedin erfüllte sich den lang gehegten Wunsch einer Reise nach Innerasien. Es war eine wahre Karawane die da los zog: 8 Schweden, darunter der Mediziner, Botaniker, Zoologe und Anthropologe David Hummel, 1 Däne, 13 Deutsche, darunter die Piloten der Maschinen von Lufthansa und Junkers, 10 Chinesen. Weiter dazu kamen 66 einheimische Kameltreiber, 30 berittene Soldaten, 34 Diener und 292 Kamele. Eine „wandernde Universität" nannte er sie.

Für Hedin selbst war es ein Abschied von der Abenteuerromantik, wo er früher ungehindert die unbekannten Teile Asiens mit kleinen, wendigen Karawanen durchstreifte, wurde dieses Mal die Expedition ein Dienstleistungsunternehmen zur Erlangung von Geldern zur Finanzierung wissenschaftlicher Forschung. So wurde er zum Koordinator und gestresstem Manager, der eine straffe Gliederung und Aufgabenverteilung durchführte. Es war nicht mehr die Natur, mit der zu kämpfen war, sondern Menschen und Maschinen.

Im ersten Abschnitt 1927/28 ging es im Auftrag der deutschen Regierung um die Erkundung einer direkten Flugverbindung Berlin – Peking, direkt über die Wüste Gobi hinweg. Finanziert von der Deutschen Lufthansa.

Die zweite Etappe von 1928 bis1933 diente der Erkundung der Mongolei. Förderer waren die schwedische Regierung, der Führer Chiang Kai-Shek sowie der amerikanische Millionär Vincent Hugo Bendix. Dieser verlangte als Gegenleistung die Kopie eines tibetischen Lamatempels, der dann auch prompt von Hedin geliefert wurde. Er selbst überwachte dessen Aufbau in Chicago.

Die Dritte Etappe 1933 bis 1935 wurde von Tschiang Kai-Shek im Auftrag der chinesischen Zentralregierung finanziert, als Gegenleistung wurde die Untersuchung und Empfehlung für zwei neue Straßen nach Sinkiang erwartet.

Dabei führe ihn 1934 sein „Wüstenglück" in die Gegend, die er 1896 bereits schon einmal auf der Suche nach dem sagenhaften See Lop-nor durchstreift hatte.

Dieser See war 100 Jahre v.Chr. von den Chinesen im Ta-
rim-Becken lokalisiert worden, dann aber später verschwun-
den. Przewalski meinte, der weiter südlich gelegen See Kara-
koschun sei derselbe See, wurde aber nicht ernst genommen.
Es war Sven Hedin, der auf seiner zweiten Asien Expedition
1901 eine Theorie dazu fand, nämlich dass der eine See bei einem bestimmten Füllstand über die Ufer tritt, sich in den anderen entleert und Jahrhunderte später in einem gleichen Pro-
zess wieder zurück pendelt. Er prophezeite, dass der See unter
bestimmten Bedingungen wiederauftauche. Obwohl diese von
ihm prophezeite Tiden-oder Pendelphase ca. 2000 Jahre anhal-
ten soll, konnte er nun 1934 mit eigenen Augen seine Theorie
bestätigt sehen, als er auf beiden Seen mit dem Boot fuhr.

Przewalski

Name: *Macrotarsus similis*, Petri
Fundort: Issyk-kul
Sammler: **Przewalsk**

In meiner Kindheit standen beim Tierpark Hagenbeck [64] Przewalski-Pferde, damals auch als Ur-Wild-Pferd bezeichnet. Ich erinnere mich genau, der Name bildete regelmäßig einen Knoten in meiner kindlichen Zunge. Sie waren schon vom Zuweg aus zu sehen, bevor der Weg durch das große Jugendstiltor in die geheimnisvolle Welt des Tierparks führte. Später verschwanden sie dann.

Nicolaij Michajlovic Przewalski (1839-1888) war russischer Generalmajor unter Zar Alexander II und in dessen Auftrag als Forschungsreisender in den Weiten des russischen Großreiches unterwegs. Er starb während seiner 5. Reise in einem kleinen Ort am Issyk-kul und wurde dort begraben.

Die Bedeutenste war die 4. Reise, die ihn auch durch die Wüste Gobi führte. Hier entdeckte er das Wildkamel sowie das später nach ihm benannte mongolische Wildpferd. Es war schon damals selten. Kennzeichen der Pferde ist der kompakte Körperbau, das ockergelbe Fell, eine stehende schwarze Mähne und gelegentlich ein Aalstrich auf dem Rücken. Mongolen und Kasachen wussten immer um diese wilden Steppenpferde und haben sie als Wasser- und Weidekonkurrenten gejagt und verdrängt. *„Im Westen dagegen hatte man bis 1878 praktisch keine Kenntnis von diesen wilden Pferden. „Es ist völlig rätselhaft“, wundert sich der ungarische Archäozoologe Sándor Bökönyi, „wie ein derart großes Säugetier den Zoologen so lange unbekannt bleiben konnte. Zumal es ja in der Steppe wie auf dem „Präsentierteller“ stand.“.* [65]

Ende des 2. Weltkriegs gab es nur noch ca. 30 Tiere in menschlicher Obhut, das letzte freilebende Exemplar wurde 1969 gesichtet. In den 1970er Jahren wurden dann weltweit alle noch in Zoos vorhandenen Tier zusammengezogen, ein Zuchtbuch (Zoo Prag) eröffnet und nun können sie in einer Schutzstation bei Ulan Bataar besichtigt werden. Inzwischen sind aus diesem Nachzuchtprogramm ca. 3000 Tiere hervorgegangen, die wieder frei durch die mongolischen Steppen ziehen können.

---

[64] Mit freundlicher Genehmigung des Tierpark Hagenbeck Hamburg
[65] TerraMater Magazin 3-2019: Die Wiedergeburt, Servus TV

Kamtschatka

Name: *Galeruca incisicollis*, Motsch.
Fundort: **Kamtschatka**
Funddatum: 1890
Sammler: Herz

Rauchende Vulkankegel, endlose Wildnis, schroffe Felslandschaften, kalter Osten Russland – Bärenland - diese Bilder „sehen" wir vor uns bei dem Namen Kamtschatka. Otto Herz war dort im Auftrage des Händlers Otto Staudinger in Dresden unterwegs.

Doch lassen wir Georg Wilhelm Steller aus seinem 1774 veröffentlichten und über 500 Seiten starken Reisebericht „*Von dem Lande Kamtschatka*" uns einen kleinen Einblick geben:

„*Das Land Kamtschatka ist allenthalben mit Wasser umflossen, ohne allein in Nord-Westen, wo es mit dem vesten Lande Asiens zusammen hänget, und ist folglich eines der größten Vorgebürge in der Welt. [..] So ein wasserreiches Land Kamtschatka, so unzehlige gefundene und herrliche Quellen sind darauf allenthalben anzutreffen; [..] Unter den Hauptgebürgen, welche das ganze Land durchstreichen, ist das merkwürdigtse Gebürge an der penschinischen See, so sich [..] gerade nach Norden durch das ganze Land läufet. Es theilet dieses Gebürge das Land Kamtschatka von Süden nach Norden fast in zwey gleiche Theile. [..] Obgleich Kamtschatka nach seiner Breite, ein schmaler Strich Landes, daß man folglich einen großen Unterschied der Witterung nicht vermuten sollte, derselbe sehr gros und merklich, und haben deshalben verschiedene Stellen auf Kamtschatka verschiedene Vorzüge und Beschwerlichkeiten zu erdulden.[..] Was die meisten Gewaltthätigkeiten ausübet, sind die heftigen und ihrer Stärke und Ungestüm nach unbeschreiblichen Sturmwinde auf Kamtschatka; [..] dass Kamtschatka an Bäumen und Stauden vor den europäischen und asiatischen Ländereyen nichts besonders, aber hingegen bey nahe die Helfte von Gewächsen habe, so nirgends anderswo angetroffen werden, folglich unbekannt sind. [..] Die jenigen Seethiere so von Kamtschatka [..] gefangen werden, sind meist unbekannt und gar nicht beschrieben, oder doch sehr unzulänglich kurz und zweifelhaft, als z.B. der Seelöwe [..]. der Seebär, der Seebieber oder vielmehr Seeotter [und] die Seekuh Manati. [..] Unter denen wilden Thieren sind die Renthiere [..] die vornehmsten [..] Schwarze Bären[..] hat man auf ganz Kamtschatka in unbeschreiblicher Menge [..] Übrigens lassen sich*

die Mädchen und Weiber, wenn sie auf dem Torflande Behren [..]
mitten unter den Bären aufsammeln, nichts hindern. Geht einer
auf sie zu, so geschieht es nur um der Beere willen, die er ihnen
abnimmt und frisset. [..] Zobel [..] sind auf Kamtschatka bey der
Eroberung des Landes so viele gewesen, daß diese Völker daher
nicht die geringste Schwierigkeit gemacht, als man sie dieselben
zum Jasak (eine Abgabe im russischen Reich in Form von Tier-
fellen = Kronenzobel) *von ihnen gefordert, und lachten sie an-
fangs die Kosaken wirklich aus, als sie ihnen ein Messer vor ein
halb Dutzend Zobel, und ein Beil vor anderthalb Dutzend zukommen liessen. [..] Wenn auf Kamtschatka die viele Nässe, Regen
und Winde, der Fortpflanzung der Insecten nicht steuerten, so
würde man sich den Sommer über, in Ansehung des häufigen
Torflandes, der vielen Moräste, Pfützen und Seen, nirgends vor
Ungeziefer bergen können.*

*Schmeißfliegen sind auf ganz Kamtschatka in solcher Anzahl,
daß sie großen Schaden an der Nahrung verursachen [..]. Im Ju-
nio, Julio und August vergällen die Mosken die wenigen, warmen
und sonnigen Tage dergestalt, dass man sich nirgends vor ihnen
verbergen kann [..] So moosigt das Land Kamtschatka ist, und
gemeiniglich die Generation der Wanzen in den moosigen Gegenden am häufigsten vorgehet, so hat man dennoch vor kurzer Zeit
keine Wanzen auf ganz Kamtschatka gehabt, [..] Papiliones finden sich der Witterung und Winde wegen, sehr wenig, [..]. Spinnen befinden sich nur wenige, und werden dieselben sehr von
denen itálenischen Weibern aufgesucht, welche gerne schwanger
werden wollen. [..] Das merkwürdigste ist, daß man weder Frösche, noch Kröten und Schlangen auf dem ganzen Lande findet.
Eidexen hingegen findet man überall in großer Menge und halten
die Itálmenen solche für Spionen und Kundschafter so von dem
Behrrscher des unterirdischen Reichs, zu ihnen geschickt würden, die Menschen auszukundschaften, und ihnen den Tod an-
zukündigen, daher sie auf dieselben wohl Achtung geben. Wenn
sie einen Eidexen sehen, springen sie gleich mit dem Messer auf
ihn zu und schneiden ihn in Stücken, dass er keine Nachricht von
ihnen bringen möchte, entkommet er ihnen, so sind sie sehr be-
trübt, und versehen sich allezeit des Todes, welcher bisweilen
von der Einbildung oder von ohngefehr erfolget und sie in dieser
Meinung bestärke.“*

Steller ist uns vor allem bekannt von seiner Beschreibung
der inzwischen als ausgestorben geltenden Riesenseekuh „Hyd-
rodamalis gigas“ besser bekannt als „Stellers Seekuh“.

Alaska

Name: Cychrus marginatus, Fischer v.W.
Fundort: **Alaska**

Nehmen wir an, Sie benötigen Geld. Was machen Sie?

Für Zar Alexander II war gerade der Krim-Krieg gegen Großbritannien, Frankreich und das osmanische Reich verloren gegangen und er war in eine kritische finanzielle Situation geraten. Da sein Interesse an der hoch oben im Norden gelegenen, schlecht erreichbaren Kolonie auf dem amerikanischen Kontinent schon seit längerem nachgelassen hatte, verkaufte er es kurzerhand am 30. März 1867 nach nur 1 Nacht Verhandlungen an die US-Amerikaner für 7,2 Millionen Dollar – ein wahres Schnäppchen mit ca. $ 4,50 je Quadrat-Kilometer für die US-Amerikaner.

Lange Zeit waren die Russen nicht sicher, wo im Osten ihr Land eigentlich endet, hingen Asien und Amerika gar zusammen? Um diese Frage zu klären brach 1725 deshalb erstmals der dänische Forscher Vitus Bering im Auftrage von Peter I auf. Im August 1728 schließlich erreichte er die östliche Küste, bestieg ein Schiff und segelte weiter nach Osten. Jedoch das Wetter war einfach zu schlecht, weshalb er umkehrte ohne das andere Land zu Gesicht zu bekommen. Es wurde ein neuer Versuch 15 Jahre später unternommen – diesmal bekamen die Seefahrer hohe schneebedeckte Berge und einen Vulkan zu sehen – und kehrten nach nur einem Tag wieder um. An der Expedition nahm auch der deutsche Arzt und Naturforscher Georg Steller teil. Ein einziger Tag an Land blieb ihm, Pflanzen und Vögel zu beschreiben. Auf der Rückfahrt strandete das Schiff auf einer Insel voller ungastlicher Felsen, unbewohnt und waldlos. Ein halbes Jahr später erst kamen sie davon los und erreichten Kamtschatka, jedoch unter hohen Verlusten der Mannschaft. Auch Bering überlebte dieses karge Eiland nicht. 1776 benannte kein geringerer als James Cook die Wasserstraße nach ihm: Bering-Straße.

Für den Naturforscher Steller war dieses öde Eiland eine Fundgrube, er beschrieb eine große Anzahl Tierarten, einige davon tragen seinen Namen wie z.B. die „Stellers Seekuh".

Der nun bekannte Seeweg Alaskas führte zur Gründung der „Russisch-Amerikanische-Companie". Ihr Ziel: Kolonisierung

Alaskas und Handel mit den Eingeborenen. Handelsgegen-
stand: Pelze. [66])

Aus strategischen Gründen hatten die USA allerdings schon
länger ein Auge auf Alaska geworfen, denn auch sie wollten
nicht, ebenso wie die Russen, dass sich Großbritannien auf dem
Kontinent ausbreitet.[67])

Dennoch hatte die amerikanische Regierung einige Überzeu-
gungsarbeit zu leisten, um den Kauf dieser „Gefriertruhe" zu
rechtfertigen, es wurde nämlich behauptet, dass es sich um
eine persönliche Bereicherung des Präsidenten Andrew John-
son handele.

1899 wurde das erste Gold gefunden und die „Gefriertruhe"
wurde zum Sehnsuchtsort aller Goldschürfer, der Goldrausch
brach los. Die „Eingemeindung" Alaskas als 49. Bundesstaat in
die „Vereinigten Staaten von Amerika" erfolgte jedoch erst 1959.

Schließlich fand 1968 die Erdölgesellschaft ARCO (Atlantic
Richfield Company) Erdöl an der Arktisküste. Für den Transport wurde 1977 die 1200 km lange Trans-Alaska-Pipeline fer-
tiggestellt, die das erbohrte Öl bis zum Hafen von Valdez trans-
portierte, wo es für den Transport in die anderen 48 Bundesstaaten auf Tanker verladen wird.

---

[66] Fatland, Erika, Die Grenze, Kopenhagen 2017, Berlin 2019
[67] Sackmann, Christoph, Warum Russland vor exakt 150 Jahren Alaska für einen
Spottpreis an die USA verkaufte, 31.03.2017 – Finanzen 100, Börsenportal von
Focus online

Long134° – Lat66N

Name: *Neocarabus gladiator*, Motsch.
Fundort: Colombie Britanique,
Long134° - Lat66N
Funddatum: Juli 1909

Dies ist das einzige Objekt der ganzen Sammlung, an dem der Fundort wissenschaftlich präzise benannt ist: 134° westliche Länge, 66°nördliche Breite.

Vermutlich war dort keinerlei Ortschaft oder anderer markanter Punkt im Umfeld zu finden. Und die Bezeichnung „British Columbien" ist als Fundortangabe nun wirklich zu ungenau.

Als Sammler und Wissenschaftler ist es wichtig zu wissen, wo genau ein Käfer gefunden wurde. Wenn 20 Jahre später jemand nachprüfen möchte, ob es diese Art dort noch gibt, muss genau bekannt sein, wo der ursprüngliche Käfer zu finden war.

Seit Menschen umherwandern, versuchen sie sich in ihrem Revier zu orientieren. Es geht dabei nicht nur unbedingt darum, festzustellen, wo man sich befindet, sondern es geht um die Möglichkeit, dorthin zurück kehren zu können. Dazu orientierten sie sich zuerst an den Gestirnen, an Sonne, Mond und Sternen. Wir kennen als himmlische Orientierungspunkte Sonnen auf- und Untergang, Polarstern und Kreuz des Südens, Sternbilder und Milchstraße. Früh begann man, Karten anzufertigen, die Himmelsscheibe von Nebra, Steinkreise in Schottland und Tempel in Ägypten zeugen von Orientierungsbemühungen des Menschen auf der Erde. Frühe Seefahrer hatten bereits einen Kompass oder kompassähnliche Geräte. Karten des frühen Mittelalters zeigen die Form der Küste mit Orten und markanten, augenfälligen Merkmalen wie Flussmündungen, Klippen, Untiefen, Strände. Wegbeschreibungen zu Lande enthalten ähnliche meist landschaftliche Merkmale: Flussüberquerungen (Furten), Bergpässe, Schluchten, Ortschaften oder markante Bäume, später auch weithin sichtbare Gebäude, meist Kirchtürme. Um 150 n.Chr. hat Astronom Ptolemäus bereits Linien auf die Blätter seines ersten Weltatlasses gezeichnet. [68]

---

[68] Sobel, Dava, Längengrad, Berlin 1995, 7. Auflage 1998

Heute haben wir Karten – Landkarten, Stadtpläne, Autokarten. Diese Karten sind in Folge der ersten Wegebeschreibungen entstanden. Und es gab Menschen, die sich über ein allgemein gültiges Orientierungssystem Gedanken gemacht haben. Herausgekommen ist das, was wir heute als Koordinatensystem oder Gitternetz kennen.

Die Erde ist eine Kugel, ein 3-dimensionaler Kreis. Mathematisch gesehen hat der Kreis 360 °(grad). Also warum das nicht auf die Erdkugel übertragen? Und so wurden der Erdkugel 360 Längengrade „aufgezeichnet". Ein Längengrad ist eine gedachte Linie von Pol zu Pol, eine Longitude oder auch Längsmeridian genannt.

Dann haben die Kartenzeichner (Kartografen) die Abstände von Längengrad zu Längengrad in 60 Minuten (Uhr!) unterteilt, und diese wieder jeweils in 60 Sekunden. Zusätzlich unterscheidet man, ob man links- oder rechts herum auf der Erde zählt, mit oder gegen den Uhrzeigersinn, nach Ost oder nach West. Zu diesem Zweck wurde ein Längengrad als „Null"-Meridian festgelegt. Von dort aus wird nach Ost die östliche Länge oder Minus- Länge gezählt, nach West die westliche oder Plus-Länge gezählt. Der Null-Längengrad verläuft seit 1911 durch Greenwich bei London. Davor war es Paris, wo heute noch das Ur-Kilo und der Ur-meter verwahrt werden.

In der Folge dieser Zählweise findet sich der Treffpunkt der beiden Zählrichtungen von jeweils 180 Grad auf der gegenüberlegenden Seite der Erdkugel – irgendwo in den Weiten des Pazifiks. Wir kennen diesen Längengrad als Datumsgrenze. Wenn man also einen Ort auf der Erde genau angeben möchte, gibt man den Grad West oder Ost, die Minute und die Sekunde an.

Das ist aber noch nicht alles. Denn es muss noch geklärt werden, ob der Ort zum Nordpol oder Südpol hin liegt, andernfalls suchen wir Hamburg auf der südlichen Halbkugel mit der Koordinatenangabe im – Nichts – irgendwo zwischen Südafrika und Antarktis mitten im Meer: ungefähr bei Bouvet Island.

Deshalb wurde ein 2. Liniensystem eingefügt, dasselbe also noch mal quer, als Breitengrade oder Latituden. Hier werden 180 Grad unterschieden, 90 Grad nach Norden, 90 Grad nach Süden, der Äquator bildet dabei den Null-Breitenkreis, die Pole jeweils 90° Nord oder 90° Süd.

Wie man die Längen- und Breitengrade auseinanderhält? Die Breitengrade oder -kreise sind Paralellkreise vom Äquator nach Nord oder Süd in gleichen Abständen zu den Polen. Die Längengrade sind Linien gleicher Länge von Pol zu Pol, wie die Scheiben einer Apfelsine.

Heute wird meist die GPS-gestützte Ortsbestimmung durchgeführt. Dabei wird eine Zahl mit vielen Nachkommastellen erzeugt. Dennoch stehen immer noch vor dem Punkt die klassischen Längen- und Breitengrade, nach dem Punkt aber eine Dezimalzahl. Für das hier verwendete Beispiel in British Columbia ergäbe sich, mangels näherer Angaben: 66.000000, und -(minus)134.000000, wobei das „Minus" für „westliche" Länge steht.

Aber wie haben unserer Vorfahren ohne GPS diese Daten berechnet? Wie ist das, wenn der Seemann mitten im Ozean, ohne Sicht auf irgendeinen Landzipfel, unter dem Sternenhimmel oder der gleißenden Sonne wissen will, wo sein Schiffchen gerade herumdümpelt? Früher nahmen sie die Finger und die Sterne als Orientierungshilfen. Der Stand der Sonne ist ebenfalls zur Orientierung geeignet. Wer eine analoge Uhr besitzt, kann schnell mit Hilfe der Ausrichtung der Zeiger den Süden bestimmen. Und wer die Position des Polarsternes kennt, kann den Nordpol finden.

Die Profis unter den Seeleuten erfanden dann den Sextanten, ein Gerät, das auf mechanische Art, mithilfe eines Linsensystems und eines Winkelmessers, nur viel präziser, eigentlich nichts Anderes macht, als zuvor beschrieben. Auch Landvermesser nutzten dieses Gerät.

Bleibt die Frage, warum der Kreis ausgerechnet 360 Grad misst... aber das führt jetzt nun wirklich zu weit in die Vergangenheit zu den Sumerern und noch weiter zurück in die Anfänge menschlicher Zivilisation.

Saguenay

Name: *Dicerca prolongata*, Le Conte 1860
Fundort: **Saguenay**
Funddatum: 1876
Sammler: Huart

Im Jahre 1453 eroberten die Osmanen die Stadt Konstantinopel und erschwerten damit den Europäern den Zugang nach Asien. In der Folge suchten die europäischen Händler fieberhaft nach neuen Wegen zur Umgehung der Hindernisse auf der altbekannten Route, der Seidenstraße. Es wurden Strecken rund um Afrika erkundet.

Und dann stand Einer auf und zeigte in die entgegengesetzte Richtung – gerade hatte sich Europa an den Gedanken gewöhnt, dass die Erde rund ist und so war es nur naheliegend, über Westen an die begehrten Schätze in Asien zu gelangen. Es war Christoph Kolumbus, der den Fuß nicht auf das Land Indien setzte, sondern auf einen völlig unbekannten Kontinent, der später Amerika benannt wurde. Die Entdeckung des neuen Kontinentes veränderte abrupt die europäische Welt.

Der französische König Franz I. akzeptierte jedoch nie den Alleinanspruch seiner Nachbarn Spanien und Portugal auf die neuen Ländereien und so beauftragte er im Jahre 1534 den Kapitän Jacques Cartier, die Küste des nördlichen Amerika zu erforschen und mögliche Reichtümer für die französische Krone zu beanspruchen.

Am Namenstag des St. Laurentius (v. Brindisi, 6.Juli) fuhr Cartier schließlich in einen Golf ein, den er deshalb St. Lorenz nannte. Seine Siedlungsversuche scheiterten jedoch an Konflikten mit den lokalen indigenen Einwohnern.

Erst ein halbes Jahrhundert später unternahmen die Franzosen einen weiteren Besiedlungsversuch und gründeten die Kolonie Arcadia, kurz darauf gründete der Forscher Samuel de Champlain die Stadt Quebec: Neu–Frankreich war geboren! Jedoch: es fehlte an Siedlern! Ludwig XIV bezahlte von nun an die Überfahrt französischer Bürger nach Neufrankreich. Nicht nur das – um das Ungleichgewicht von vielen Männern und wenigen Frauen zu regulieren, bezahlte er fast 800 verarmten und in ihrer Familie als Anhängsel behandelte Frauen dafür, mit allem ausgestattet was eine Siedlerfrau benötigt, als staatliche Bräute nach Neu Frankreich zu reisen. Diese „Töchter des Königs" hatten gute Chancen auf ein besseres Leben in Neu Frankreich als in ihrer Heimat.

Doch es kam weiterhin zu Konflikten, nun nicht nur mehr mit den dort lebenden indigenen Bewohnern, sondern auch mit England. Hintergrund war der in Europa tobende Erbfolgekrieg zwischen England und Frankreich um die Thronfolge Habsburgs. England nutzte diese Gelegenheit dazu, dann auch gleich in Nordamerika „aufzuräumen" und schickte erfolgreich seine Truppen nach Neu-Frankreich. Trotz der recht kurzen Existenz der französischen Kolonie entstand eine eigene Geschichte und Kultur, die bis in die Gegenwart nachklingt.

Aus einer dieser Siedlerfamilien stammt auch der Sammler Victor-Alphonse Huart (auch Huard). 1853 geboren als Sohn des Tischlers Laurent Huart und dessen Frau Ursule Thérien besuchte der schüchterne und stotternde Junge als Tagesstudent das „Petit Séminaire", eine höhere Sekundarschule für Jungen, in Quebec. Hier traf er auf den Naturforscher Abbé Léon Provancher, dessen Wanderbegleiter er auf den Exkursionen mit Studenten des Quebecer Seminars nach Montreal wurde.

Auf Einladung des Erzbischofs setzte Huard seine Studien im „Großen Seminar" von Quebec fort. Er machte einen Abschuss in Theologie und wurde 1876 zum Priester geweiht.

Wiederum war es der Erzbischof von Quebec, der ihm anbot eine Lehrstelle am neu entstehenden Seminar in Saguenay anzutreten. Hier unterrichtete Huart von nun an Religion, Sprachen, Rhetorik, Zoologie und Geographie. Darüber hinaus wurde er Organisator und schließlich Leiter des Seminars. Huart, übernahm schließlich die Wiederbelebung und Veröffentlichung der Zeitschrift „Canadien Naturalist". Dank der Beiträge anderer Mitarbeiter zu den Gebieten Geologie, Zoologie, Ornithologie, Mikrobiologie und Entomologie entwickelte sich die Zeitschrift als populärwissenschaftliches Organ mit originellen und abwechslungsreichen Inhalten, deren Veröffentlichung erst mit seinem Tod 1929 endete.

Zu seinen weiteren Veröffentlichungen zählen u.a. die Werke „Die wichtigsten Arten von Insektenschädlingen und Pflanzenkrankheiten" (1916) und das „Theoretisches und praktisches Handbuch der Entomologie" (1927).

1990 wurde die größte der 4 Inseln im Lac de Ilets zum „Réserve écologique Victor-A. Huard" umgewandelt. Darin stehen geschützt die unberührten Bestände der für die Wälder der Saguenay-Berge typischen Baumarten Papier-Birke, Gelb-Birke und Schwarz-Fichte.

New York

Name: *Calosoma calidum* var. lepidum, F.
Fundort: **New York**, E.U.

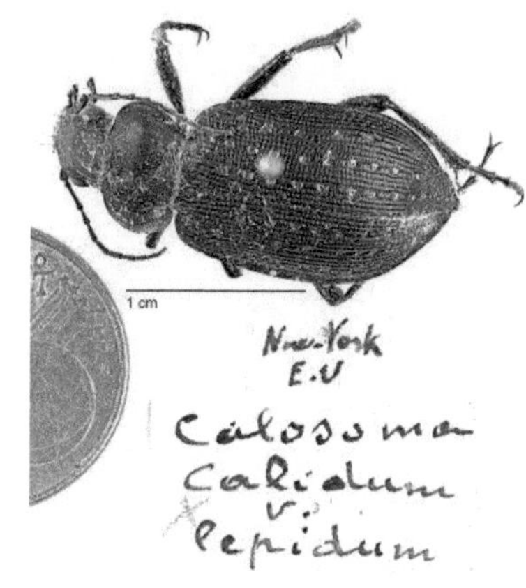

„[..]
Ich fange ganz neu an im alten
New York
Wenn ich es hier schaffen kann
kann ich es überall schaffen
Ich möchte aufwachen in einer
Stadt, die niemals schläft
[..]"
… so sang Frank Sinatra 1973 in seinem berühmten Chanson „New York, New York", ein wahrer Ohrwurm.

Wer mit dem Schiff in den Hafen von Manhattan einläuft, wird begrüßt von Lady Liberty, der „Freiheitsstatue". Mächtig reckt Sie die Fackel der Freiheit in den Himmel, derweil Ihr Fuß die Kette der Sklaverei zertritt. Im Arm hält sie die Verfassung, die diese Freiheit jedem garantiert, der es wünscht. Kein anderer Ort der Welt verkörpert für mich so sehr den unbedingten Willen und die Möglichkeit des Menschen zur Erlangung von Freiheit und Selbstverwirklichung.

Unschwer die Ähnlichkeit des black-power-Symbols aus den 60er Jahren des 20. Jahrhunderts mit der emporgereckten Faust zu erkennen. Rund 360 km weiter entfernt, in Washington DC, hielt Martin Luther King 1963 seine berühmte Rede „I have a Dream", worin er die Missstände der schwarzen Bevölkerung in dem Land der Freiheit mit einer rhetorischen Meisterleistung aufzeigte.

Liberty war ein Werk des Franzosen Frédéric-Auguste Bartholdi, wurde als Geschenk Frankreichs an die Vereinigten Staaten von Nord-Amerika gegeben und am 28.10.1886 geweiht. Waren es doch die Franzosen, die nahezu hundert Jahre zuvor die neue Formel "Freiheit, Gleichheit, Brüderlichkeit" in die Welt geschickt haben.

Nach der Erkundung der Gegend durch Henry Hudson ließen sich 1610 niederländischer Kaufleute als erste europäischen Siedler an der Küste von Manhatten (Mana hattan) nieder. Sie nannten ihre Siedlung „Nieuw Amsterdam". Nach der späteren Eroberung der Siedlung durch die Briten erhielt sie den Namen New York.

Pennsylvania

Name: *Alaus okultatus*, L. 1758
Fundort: Cornwells U.S.A. **Pennsylvanie**
Eigentümer: Le Moult

„Es ergeht das Wort des HERRN an euch: fürchtet euch und zittert und hütet euch!" [69]) So schrieb George Fox als sein weltanschaulicher Club wieder einmal als „Quäker", als „Zitterer", verhöhnt wurde.

1649 hatte er mit Gleichgesinnten eine prophetische Endzeitlehre entwickelt und eine Erweckungsbewegung gegründet. Grundlage dieser Weltanschauung ist die Überzeugung, dass in jedem Menschen das Licht Gottes wohnt. Ritus und Klerus spielen keine Rolle dabei mehr.

Der 30-jährige Krieg (1618-1648) hatte die politische und kulturelle Landschaft Europas erheblich durcheinandergewirbelt, Menschen suchten Halt und so nahmen die Gründungen neuer religiöser und weltanschaulicher Vereinigungen ihren Lauf.

Diesem Bund der Zitterer trat eines Tages der Sohn eines bedeutenden englischen Admirals, William Penn mit jungen 22 Jahren bei. Er war mit 15 von seinem Vater zum Studium der Theologie nach Frankreich geschickt worden und studierte später Juristerei in London.

Bald wurde er einer der bekanntesten Prediger der Quäker. Er setzte sich für religiöse Toleranz, Religionsfreiheit und Liberalismus ein, mit der Folge immer wiederkehrender Inhaftierungen. Es war daher nur eine Frage der Zeit, dass auch er recht bald „das Weite" suchte und begann, ein Modell einer neuen Siedlungsform zu entwickeln. Dafür warb er unter anderem auch in Deutschland Kolonisten an. Speziell im südwestdeutschen Raum kam zu religiösen Freiheitsbestrebungen die sich immer stärker ausbreitende Armut der Landbevölkerung hinzu: Ursache war die Erbfolgeregelung der Realerbteilung: alle Kinder eines Landmannes erbten zu gleichen Teilen den Acker. Am Ende hatte keines der Kinder mehr ein Auskommen auf einem Fleckchen Erde so groß wie ein Laken.

Penn und seine Kolonisten hatten Glück: König Karl II hatte Schulden bei seinem Vater, dem Admiral. Diese beglich er nun 1681 durch Überlassung eines riesigen Gebietes in der nordamerikanischen Wildnis.

---

[69] (George Fox – Aufzeichnungen und Briefe des ersten Quäkers. Übers. Margrit Stähelin, Verlag I.C.B. Mohr (Paul Siebek),Tübingen 1908,S.34).

Dyar

Name: *Parocneria* **(D)** *detrita*, Esp.

Am 26. September 1924 brach unter einem Lastwagen in einer kleinen Gasse in Washington der Boden ein und der Wagen stürzte in einen Tunnel. Nähere Untersuchungen förderten ein ganzes Labyrinth zutage. Der Erbauer: der Wissenschaftler Harrison Gray Dyar, Jr. Warum er diese Tunnel und noch weitere unter einem anderen Gebäude grub, ist bis heute nahezu ungeklärt.

Auch sonst schien er ein komischer Kauz: Er führte 2 Ehen und hatte mit beiden Frauen Kinder, ein Bigamist. Er gehörte ferner dem Bahai-Glauben an, ein im 19 Jhdt. künstlich geschaffenes Konglomerat aus den 3 Ein-Gott (monotheistischen)-Religionen Judentum, Christentum und Islam.

Dyar war auch ein fleißiger Wissenschaftler: er benannte und beschrieb mehrere tausend Arten von Schmetterlingen, Blattwespen sowie eine große Anzahl von Mücken und anderen Fliegen. Als versierter und innovativer Systematiker leistete er Pionierarbeit. Er formulierte das später nach ihm benannte „Dyarsche Gesetz":

„Im Jahre 1890 wies H. Dyar nach, daß die nicht besonderen Bedingungen unterworfenen Organe von Insektenlarven in direkter geometrischer Progression bei den Häutungen zunahmen. Die Länge des betreffenden Stückes im folgenden Häutungsstadium ergibt sich aus der Länge des Stückes im vorhergehenden Stadium multipliziert mit der spezifischen Konstante. Diese spezifische Konstante erhält man durch Division des Messresultates des zweiten durch das des ersten Stadiums. So will Dyar eine Kontrolle darüber gewinnen, ob bei Zuchten ein Entwicklungsstadium übersehen worden ist oder nicht. [..] Direkte Vergleiche der Quotienten der Längenmaße aus je zwei aufeinanderfolgenden Stadien ergaben wechselnde Quotienten, die selten unter 1,2 fielen und noch seltener über 2 hinausgingen. [..] (H. Przibram) interessierten die allgemeinen Regeln des Wachstums. Schon früh wurde ihm klar, daß bei Wachstumsprozessionen auch bei Organismen das Verhältnis zwischen der Länge bestimmter Körperteile und dem Gewicht ein gleichmäßiges ist und der Formel $3\sqrt{n:n}$ *(dritte Wurzel aus n durch n) entspricht."* [70]

---

[70] Bodenheimer, Fritz S., über dir Regelmäßigkeiten in dem Wachstum von Insekten, Deutsche Entomologische Zeitschrift 1927, S.33 ff

Athos

Name: *Anthaxia tenella*, Kies. 1858
Sammler: Schatzmeyer
Fundort: **Athos**

„Verlaß die Welt und komm zu uns, sagten die Mönche, bei uns findest du dein Glück. Sieh nur dort die schön gemauerte Klause, die Einsiedelei am Berg, eben blitzt die Sonne abendlich in die Fensterscheiben. [..] Hier hast Du milde Lüfte und die größten aller Güter – die Freiheit und den Frieden mit Dir selbst. Denn frei ist nur wer die Welt überwunden und seinen Sitz in der Werkstätte aller Tugenden auf dem Berg Athos hat. [71]). - Der orthodoxe Glaube geht mit viel eremitischer Einsamkeit einher.

Hagion Oros – Heiliger Berg – im Süden des Pelepones. Die ersten sicheren Hinweise auf mönchisches Leben auf dem Berg Athos sind erst im 9. Jhdt. zur Zeit des byzantinischen Kaiserreiches zu verzeichnen. Vermutlich gab es aber bereits vorher schon Einsiedeleien auf dem Berg.

Im 8. und 9. Jahrhundert entbrannte zwischen der orthodoxen Kirche und dem byzantinischen Kaiser ein langer Streit über den rechten Gebrauch von Ikonen und ihrer Verehrung. Die Ursachen dazu sind unklar, es wird ein Einfluss durch den aufgekommenen Islam sowie das jüdische Gebot, man dürfe sich kein Bild von Gott machen, vermutet. Bekannt wurde der Streit unter dem Begriff „byzantinischer Bilderstreit". Es ist vorstellbar, dass in diesem Rahmen Mönche mit den Ikonen flohen, sie auf den umliegenden Bergen versteckten und sich selbst gleich mit.

Auch später stritten die Mönche gar trefflich: im 13. Jhdt. entflammte der Hesychasmus-Streit, abgeleitet von Hesychia = Ruhe. Die Einen sahen in der mystischen Praxis, durch ständiges Beten in eremitischer Abgeschiedenheit die notwendige Ruhe zu erreichen als Voraussetzung dafür, das Licht der Verklärung zu erkennen. Die anderen hingen dem aufkommenden Humanismus an. „Hesychasten", wurden die Einsiedler des Hagion-Oros später genannt. *„Das Wort bezeichnet jenen unaussprechlichen, europäischen Weltleuten nicht leicht zu erklärenden Zustand völligen Versunkenseins des geistigen Vermögens in Gott, jenen moralischen Opiumrausch des Orients mit seinem*

---

71 Fallmerayer, J.Ph. Der heilige Berg Athos, 1828, Nachdruck, Dortmund 1947

Gefolge unnennbaren Seelenentzückens, die Frucht indischer Sonnen und der schauerlichen Gräberwüste hinter dem ägyptischen Theben. " (ebd.)

Später folgten auch Klöster der Mönche aus dem Kiewer Rus (heutige Ukraine, Russland und Weissrussland), die vom 15. Jhdt. an von Moskauer Fürsten und Eliten finanziert wurden und heute noch werden.

„Garten der Gottesmutter", auch das ist ein Name für den Berg Athos. Er geht zurück auf eine Christlich-Orthodoxe Legende: Maria war mit dem Apostel Johannes nach Zypern gesegelt, um dort Lazarus zu besuchen. Das Schiff jedoch verirrte sich und landete am Athos. Als Maria den Athos betrat, zerbrachen die heidnischen Skulpturen. Maria segnete deshalb die Halbinsel und erklärte die Region zu ihrem Lustgarten, den keine andere Frau betreten dürfe. Seitdem ist es den Frauen untersagt, den Berg zu betreten. Dieses Verbot weiblicher Wesen auf dem Athos trifft auch auf Haustiere zu. Was war zuerst – die Legende oder das Verbot?

Die Mönche vom Athos leben heute noch ähnlich bescheiden wie ihre Brüder vor 1000 Jahren. Mit Eintritt in das Kloster wechseln Sie ihre Kleidung gegen schwarze Roben und lassen Ihre Gesichtshaare zu großen schweren Bärten wachsen als Zeichen für ihren weltlichen Tod. So ist der Berg ein Refugium des Alten, die Fortsetzung der Geschichte des Byzantinischen Reiches, eine autonome Männerwelt und das spirituelle Herz der Orthodoxie. Ein Besuch bei den Mönchen in der stillen Einkehr und Abgeschiedenheit einer Klause kann sicherlich der Seele förderlich sein.

Pater Marie

Name: *Chlaenius velutius*, Duft.
Fundort: St. Marie de Valler
Sammler: **P. Marie**

Interessant ist die Feststellung, dass sich unter den Sammlern und Autoren viele Theologen befinden. Auch der Vater von Charles Darwin soll seinem Sohn geraten haben, Theologie zu studieren, damit er später neben einem vernünftigen Einkommen genügend Zeit für seine biologischen Studien habe.

Das hat vielleicht damit zu tun, dass sich bis Mitte des 19. Jahrhunderts die Studienmöglichkeiten auf wenige Disziplinen wie Medizin, Jurisprudenz, Theologie und Philosophie beschränkten. Naturwissenschaften waren als „Alchemie" irgendwo dazwischen in die Kellergewölbe verbannt und nicht im Kanon der Universitäten vorgesehen, die Aufspaltung der Disziplinen in den uns heute geläufigen Fächerkanon begann erst gegen Mitte des 19. Jahrhunderts.

Unter den theologisch ausgebildeten Wissenschaftlern, gleich welcher Kon.fession, gibt es eine große Anzahl Jesuiten. Einer davon war der Spezialist für Rüsselkäfer (Curculioniden), Alphonse Hustache (1872-1949), der unter dem Namen „Pater Marie" in der Fachwelt auftrat.

Ist Wissenschaft mit Schöpfungsglauben vereinbar? Oder andersherum: ist der Biologe notgedrungen ein Atheist? Mit der Evolutionstheorie Darwins trennte sich Naturerkenntnis von Religion. Dennoch glauben auch heute noch so manche Christen an die Schöpfung, während Biologen die atheistische Sichtweise vorziehen. *„der religiöse Mensch [..] steht vor diesem unerschöpflichen Gebirge der Schöpfungskraft mit gläubiger Bewunderung und erwartet eine Erklärung von dem „Licht aus der Höhe", der wissenschaftlich Denkende findet eine Erklärung und gelangt selbst auf den Gipfel. Er fühlt sich dem Gläubigen überlegen und belächelt dessen unfruchtbares Staunen. Nur – ist damit das Licht auf dem Berg überflüssig?"* [72])

Es stellt sich also die Frage: „was ist Leben?". Der Jesuit Pierre Teilhard de Chardin schrieb in der Einleitung seines Werkes „Die Entstehung des Menschen", dass die Stellung des

---

[72] Kummer, Christian, Der Fall Darwin, München 2009

Menschen in der Welt erst richtig zu würdigen sei, wenn man die Stellung des Lebens innerhalb des Universums festlegt, d.h. es muss bestimmt werden, was Leben im Gesamtaufbau des Kosmos darstellt. *"Leben ist keineswegs eine bizarre Anomalie, die sporadisch an der Materie aufritt; es ist vielmehr die Steigerung einer universellen Eigentümlichkeit des Kosmos; das Leben ist nicht bloß eine Begleiterscheinung, sondern der wesenhafte Kern des Phänomens."* [73])

Haben Sie das verstanden?? Es geht hier um die Frage, wie das, was wir Leben nennen, entstanden ist, letztlich die Frage nach der Entstehung der Beseeltheit. Dafür sind Theologen Fachleute, und Jesuiten sind Theologen, die sich die Naturerforschung auf die Fahnen geschrieben haben – um es mal abzukürzen.

Anfang des 16. Jhdts. (Renaissance!) beschloss ein nicht mehr ganz junger, frommer und gehbehinderter Edelmann namens Iñigo (später Ignatius) von Loyola an der Universität zu studieren. Er fand schnell gleich gesinnte Freunde, allesamt Magister der Freien Künste. Sie legten einige Jahre später gemeinsam „das Gelübde" ab, ließen sich in Venedig zu Priestern weihen und gründeten die „Bruderschaft Jesu (heute: Gesellschaft Jesu)" mit Ignatius als Generaloberen. Nach und nach setzten sie sich mit ihrem „Programm" jedoch von den bestehenden Ordensgemeinschaften ab: „ora et labora" genügte ihnen nicht mehr. Aus eigener guter Erfahrung heraus beschlossen sie, an jedem Standort ihrer Gemeinschaft Kollegien für junge Laien zu gründen, an denen gelehrt und geforscht wurde. Sie strebten an, integre Menschen heranzubilden, die sich dem Gemeinwohl widmeten. Dieser Beschluss führte dazu, dass die Ordensbrüder ortsgebundene Lehrer und Forscher wurden. Hohen Stellenwert hatten dabei Astronomie und Geografie, mit dem grundlegenden Gedanken, dass Gott in allen Dingen der Schöpfung zu finden sei, somit auch in der Natur und dem Kosmos.[74])

Zurück zu Pierre Teilhard de Chardin: Der wichtigste Satz seiner Lehre lautet: „Schöpfung heißt nicht, dass Gott die Dinge macht, sondern dass er macht, dass die Dinge sich machen".

[73] Chardin, Pierre Teilhard de, Die Entstehung des Menschen, München 1961
[74] O´Malley, Eine kurze Geschichte der Jesuiten, Würzburg 2015

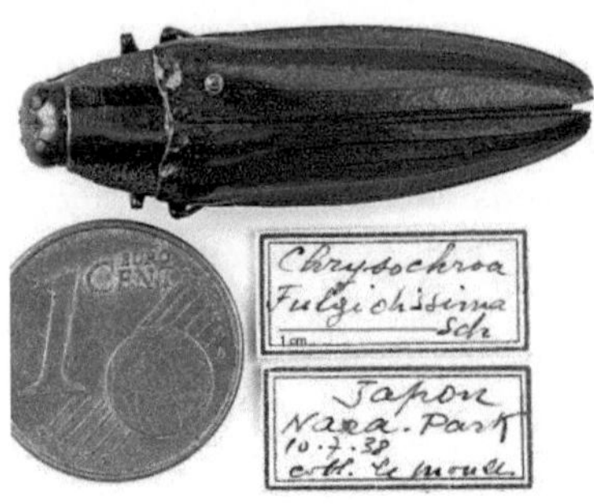

Schrein

Name: **Chrysochroa fulgidissima**,
Schönherr 1817
Fundort: Nara Park, Japan
Funddatum: 10.7.1938
Eigentümer: Le Moult

Dieser Käfer ist ein Edelkäfer, wie die Fachleute sagen, ein Mitglied der Familie der Buprestidae oder Prachtkäfer, ein je nach Lichteinfall in unterschiedlichen Farben schillernder Holzkäfer, ein wahres Prachtstück. Er ist vorwiegend verbreitet in Japan und Korea, lebt im Sommer vorzugsweise in stark besonnten Wäldern und kann ca. 30 bis 40 mm lang werden.

Die schillernde Eigenschaft macht eine genaue Farbbeschreibung schwierig, und so entstand in Japan der Ausdruck „tamamushiro", tamamushi-Farbe, frei übersetzbar mit „mehrdeutige Farbe". Dieser Begriff wird in Japan auch verwendet, wenn sich Politiker oder Bürokraten unklar und mehrdeutig ausdrücken. Auch bei uns werden schwer einschätzbare oder illustre Menschen manchmal als „schillernde Persönlichkeit" bezeichnet.

Bedeutsam für die kleinen Käferchen direkt ist vor allem die Anziehungskraft ihrer prächtigen Flügeldecken als Schmuck zu Dekorationszwecken. Als historisches Beispiel gilt der Tamamushi-Schrein im Hōryū-ji-Tempel aus der Asuka-Zeit.

Bekanntlich liegt Schönheit im Auge des Betrachters. Aber offenbar gibt es eine grundlegende Einigkeit der Menschheit darüber, was als schön zu gelten hat. Die Folgen für so manche Tier- und Pflanzenart sind uns Allen geläufig.

Darwin betrachtete Schönheit als ein Bestandteil der sexuellen Selektion bei der Auswahl des Sexualpartners - je schöner, desto größere Chancen auf Fortpflanzung. Dahinter wird heute vermutet, dass Pracht ein Ergebnis von biophysikalischer Leistungsfähigkeit, wie z.B. einem starken Immunsystem und vielem anderen mehr, ist. Die „Evolutionspsychologie" beschäftigt sich damit.

Dasselbe gilt für Kunst- und Bauwerke: instinktiv empfinden wir Objekte als schön, wenn sie dem geometrischen Prinzip des „goldenen Schnittes" [75]) folgen.

---

[75] Martineau, John (Hrsg), Quadrivium, die vier klassischen freien Künste, Kerkdriel NL 2015, deutsche Ausgabe

Jerusalem

Name: *Sternocera squamosa*
Sammler: Kricheldorf
Fundort: **Jerusalem**

Und Salomo beschloss, neben seinem eigenen Palast einen festen Tempel zu bauen. Er schickte deshalb eine Anfrage zu seinem Königsnachbarn Huram von Thyrus und bat um Baumaterial: Zedern, Zypressen und Sandelholz aus dem Libanon, edle Metalle und Steine. Huram war voller Freude darüber, dass der Sohn König Davids so weise, klug und einsichtsvoll sei, dem Herrn einen Tempel zu bauen. Deshalb sandte er ihm nicht nur das erbetene Material, sondern gleich dazu noch den Baumeister Hiram Abiff, ein Könner, Meister und Künstler in allen Gewerken. Salomo seinerseits organisierte die Arbeiter und deren Verpflegung.

Der Bau begann im 4. Jahr der Herrschaft Salomos, (nach unserer Zeitrechnung ca. 988 v. Chr.). Der Tempel sollte 60 Ellen in der Länge, 20 Ellen in der Breite und 30 Ellen in der Höhe messen, mit Zypressenholz getäfelt und goldüberzogen sein. Im Allerheiligsten ließ er 2 goldene Cherubim errichten und vor der Tür 2 Säulen, eine hölzerne und eine eherne aufstellen. Die Säulen waren mit doppelten Kapitellen gekrönt, mit Blüten und Fruchtsymbolen behängt und sollten Bäume symbolisieren. Zusammen mit anderen Gegenständen im Tempel symbolisierten sie den Kosmos.

Aber es kam, wie es immer kommt, es gab Streit. Unter den Arbeitern gab es 3 Gesellen die schlecht auf Hiram zu sprechen waren. Er hatte sie wegen ihrer ausgeprägten Faulheit für unfähig befunden und versagte ihnen die Beförderung zum Meister. Als das Haus fast fertig war, kamen diese 3 Burschen und forderten mehrfach nachdrücklich von Hiram das Meisterwort. Da er es ihnen aber nicht geben wollte, erschlugen sie ihn, schleppten ihn in die Wüste und warfen seinen Körper in eine vorbereitete Grube. Den Hügel markierten sie mit einem Zweig.

Als Salomo am nächsten Tag seinen Baumeister suchte, reute es sie, gestanden ihm die niederträchtige Tat und führten ihn zum Grabhügel. Zum Glück war Hiram nur scheintot, und Salomo konnte ihn aus der Grube herausheben. Aber das Meisterwort hatte Hiram von diesem Schreck vergessen.[76]

---

[76] Frei nach 2. Chronik, Bibel

Grüße vom Pharao

Name: *Scarabaeus sacer*, L.,1758
Fundort: **Ägypten, Pyramiden** XII
Händler: H. Rolle, Berlin, S.W.11

In einer Zeit, in der es der „letzte Schrei" war, sich den gesellschaftlichen Abend damit zu vertreiben, alte Mumien auszuwickeln die man zuhauf im fernen Ägypten fand, findet sich nicht nur der Kopf der schönen Nofretete, sondern natürlich auch dieser im alten Ägypten verehrte göttliche, heilige Pillendreher: „Scarabus sacer". Und sogar direkt bei den Pyramiden! Wenn der Händler Hermann Rolle da nicht aus Gründen der Preisbildung ein wenig nachgeholfen hat....

Die Verehrung des kleinen Käfers war zentraler Bestandteil der alten ägyptischen Naturreligion. Die Menschen beobachteten, wie der recht große Käfer eine große, ihn selbst doppelt und dreifach überragende Kugel aus Dung formt, sie in den Boden vergräbt und verschwindet. Einige Zeit später kriecht er wieder genau an derselben Stelle aus dem Boden – so schien es ihnen. Daraus entwickelte sich der Glaube an die Wiedergeburt des Käfers. Aus Sicht der Menschen im alten Ägypten geschah dasselbe auch mit der Sonne – tagtäglich verschwand sie abends am Horizont um am nächsten Morgen neu wieder am Horizont zu erscheinen.

So machten Sie den kleinen Käfer zum Repräsentanten des mächtigsten ihrer Götter – dem Sonnengott „Re" oder Ra", der die Sonne immer wieder zu neuem Leben erweckte, nachdem sie abends starb. Ihm zu Ehren trug man an hohen Festtagen in einer feierlichen Prozession die Sonnenbarke aus dem Tempel hinaus in den strahlenden Tag und feierte den großen Gott.

Wir wissen heute, dass es nicht derselbe Käfer ist, der da aus dem Boden gekrochen kommt, sondern ein Nachkomme, der in dem in der Kugel deponierten Ei herangewachsen ist. Genauso wissen wir heute, dass die Sonne abends nicht stirbt und am Morgen wieder aufersteht, sondern dass die Erde sich dreht und die Sonne in der Nacht einfach nur die andere Seite der Erde beleuchtet.

Unübertroffen die Beschreibung von Jean-Henri Fabre, wie der von ihm beobachtete Scarabäus die Pille dreht, sie sodann mit seinem Nachbarn fortschafft, der sie ihm schließlich stiehlt.

Mythologie

Wer die biologischen Namen der kleinen Insekten näher untersucht, wird erstaunt nicht nur die umfangreiche griechische Götterwelt sondern auch biblischen Namen und allerlei anderer mythologische Figuren finden. Wie ist das geschehen?

Das hat natürlich seine Ursache bei den Autoren, also denjenigen, die ein Insekt zum ersten Mal beschreiben und damit das Privileg besitzen, ihm auch einen Namen zu geben. Und Namen sind, wie wir alle wissen, reine Modesache. Was also war gerade modern in der wissenschaftlichen Scene zu Zeiten, da die meisten Autoren der in dieser Sammlung vertretenen Insekten von Ihnen erstmalig beschrieben und benannt wurden?

Ohne Napoleon hätte die damalige Welt keine Kenntnis von Ägypten erhalten. Die Welle des Interesses an den Altertümern dieser Welt setzte sich fort mit dem Erscheinen des Buches von Gustav Schwab 1834 über die griechischen Heldensagen. Gustav Schwab hatte diese damit schlicht vor dem Vergessen bewahrt, seitdem werden Generationen von Schülern mit der griechischen Geschichte gequält. Und es folgten Ausgrabungswellen: Troja, Karthago, Effesus, Äypten, biblische Orte, was immer wir heute auf Kulturreisen in den Mittelmeerraum und weiter weg an Ruinen besichtigen können, wurde in der Folgezeit „entdeckt“ und ausgegraben, ja man suchte ganz gezielt danach. Das mitteleuropäische Bildungsbürgertum lief gewissermaßen heiss ob der vielen interessanten Entdeckungen.

Den Lesern wünsche ich Vergnügen, anhand von Insektennamen die griechische Götterwelt und andere Mythen und Legenden selbst weiter zu erkunden. Vielleicht auch herauszufinden, wie die Insekten zu ihren Namen kamen: war es eine Laune des Autors, der gerade von dieser Legende gelesen hatte? Gibt es einen Hinweis auf den Fundort oder eine Eigenschaft des Objektes, die, vielleicht auch mit viel Fantasie, auf eine dieser Legenden und Geschichten verweist? Übrigens gab es Einen, der das bereits mit einer Gruppe Käfer unternahm: Siegmund Schenkling versuchte sich bereits 1917 an einer „Erklärung der wissenschaftlichen Käfernamen“.

Die ganze Welt

Und dann kam sie: die eine Kiste, in der wahrhaft jede Menge unterschiedlicher Länder vorhanden waren. Jedes Objekt, das ich anfasste, bestaunte und katalogisierte, kam aus einer anderen Weltgegend. In Gedanken reiste ich von Frankreich über Guinea nach Venezuela, zurück nach Deutschland, Russland, Australien, Java... seitdem hing eine mit Nadeln gespickte Weltkarte am Arbeitsplatz. Bedauerlicherweise sind es vor allem Kriege die der Menschheit in Erinnerung bleiben, ständig versucht Einer dem Andern etwas wegzunehmen – noch bedauerlicher, dass es heute immer noch so ist. Von Alexander über die Türkenkriege, Napoleon bis zu den beiden Weltriegen sind mehrere Kriege beschrieben und aufgelistet. Aber es wurde auch von Wissenschaftlern, Abenteurern, Weltumrundungen, Sagen und Legenden berichtet. Nach dieser atemlosen Reise kreuz und quer durch alle Kontinente, geschichtlichen Ereignisse, Forscherleben und Naturbetrachtungen tut es nun gut, sich in sachliche Abgründe und Zahlenreihen vertiefen zu können.

Bei genauerer Betrachtung handelt es sich allerdings tatsächlich nicht um die ganze Welt. Die überwiegende Anzahl der Sammlungs-Objekte für Europa stammen aus Frankreich. Europäische Nachbarländer sind nur marginal vertreten. Sammlungsobjekte aus Deutschland stammen nachweislich überwiegend aus den Nachkriegsjahren, können also nicht im ursprünglichen Ankauf vorhanden gewesen sein.

Ein Großteil der außereuropäischen Objekte stammt aus den französischen Auslandsgebieten oder Kolonien. Auch haben die Franzosen in Form ihrer Ehrenlegion an verschiedenen Kriegen mitgewirkt, weshalb auch aus diesen Gegenden Objekte stammen. Im Hinblick auf die Herkunft des Großteiles der Sammlung vom französischen Händler Le Moult, ist dieser Umstand nachvollziehbar. Die Objekte aus den Kolonien, welcher Nation auch immer, entstammen im allgemeinen großen Erkundungsexpeditionen in diesen Ländern. Dies ist sicher auch dem Zweck des Ankaufes der Sammlung für das „Institut für ausländische und koloniale Forstwirtschaft" geschuldet.

Welche und wieviel Objekte dieser Ankauf umfasste ist unklar geblieben, da ein großer Teil, 247.000 Stück, der Le-Moult-Käfer im Jahr 1957 vom Holzinstitut an das neue Zoologische Museum für DM 20.000,- verkauft wurden.

Angenommen, in der vorliegenden und beschrieben Thünen-

Sammlung sind, unter Berücksichtigung der langen Zeit seit dem Ankauf der Sammlung und dem damit verbundenen Schwund durch Tausch, Nutzung und Falschzählungen, noch ca. 40.000 Stücke aus dem ursprünglichen Ankauf von Le Moult vorhanden, so kommt man auf rund 300.000 Stück Insekten, die der dokumentierte Ankauf von Le Moult im Jahr 1944 umfasst haben mag. Damit ist auch der Preis von 1,725 Reichsmark etwas mehr zu verstehen. Zum Vergleich: 1986 wollte ein Verein „Käfer für Basel" für die 2 ½ Millionen Käfer der Sammlung Frey durchaus 2 Millionen DM auf den Tisch legen. [77])

Ordnungen	Deutsch	Fam.	Gattung	Arten	Anzahl
Araneae	Spinnen	1	1	1	2
Blattodea	Schaben	2	3	4	77
Coleoptera	Käfer	127	2.127	7.978	61.151
Dermaptera	Ohrwürmer	1	1	1	8
Diptera	Zweiflügler	19	97	157	645
Echinodermata	Stachelhäuter	5	5	5	20
Hemiptera	Schnabelkerfe	8	8	9	69
Heteroptera	Wanzen			2	74
Homoptera	Gleichflügler	1	6	6	21
Hymenoptera	Hautflügler	11	141	318	656
Lepidoptera	Schmetterlinge	27	271	779	1.505
Mantodea	Fangschrecken	1	1	1	22
Megaloptera	Großflügler	1	1	1	7
Nemopteridae	Fadenhafte	1	1	1	2
Ophiacanthida	Schlangensterne	1	1	1	1
Orthoptera	Heuschrecken	4	17	20	171
Pennatularia	Seefedern	1	1	1	1
Phasmotodea	Gespenstschrecken	2	3	3	7
Phasmida	Stabschrecken	1	1	1	1
Scolopendromorpha	Riesenläufer	1	1	1	1
Scorpiones	Scorpione	1	2	3	10
Valvatida	Klappensterne	1	1	1	1
22		216	2689	9293	**63.452**

Außerdem befinden sich Kästen anderer Händler sowie einige Zukäufe nach 1945 in der Sammlung. Die Kästen von Deyrolle und Henry Beaurau, beide Paris, können während des Aufenthaltes von Franz Heske in Paris 1942 erworben worden sein, sie tragen jedoch nicht das Siegel des Reichsinstitutes, im Gegensatz zu den Le-Moult-Kästen. Gleiches gilt für die Kästen von Staudinger, Dresden. Vielleicht waren sie Bestandteile der

---

[77] NN, A schön´s Hobby, über die Sammlung Frey, Der Spiegel, 5/16.1.1992

Zukäufe in der Nachkriegszeit.

Eine große Anzahl Objekte des Händlers Herrmann Rolle, SW 11 Berlin, stammt sicherlich aus der Firmenauflösung und dem daraus folgenden Verkauf der Insekten durch Herrmann Rolle selbst in den Jahren 1920 / 21 an Le Moult.

Zur Freude der Fachleute wurde die verschollen geglaubte Sammlung des Dr. Fritz Zumpt vom Tropeninstitut aufgefunden. Sie wurde ihrerzeit, wie bereits beschrieben, zur Sicherung vor den Bombenangriffen auf Hamburg nach Reinbek ins Holzinstitut ausgelagert [78]).

Ebenso fand sich die Zweiflügler Sammlung des Dr. Gerd Heinrich wieder an. Ferner wurden Unterlagen über den Zugang von drei weiteren Sammlungen aufgefunden, die nach dem Krieg den Weg ins Holzforschungsinstitut nach Reinbek fanden: vom Forstzoologen Herrmann Eidmann, vom Forstwirt Georg Escherich, sowie vom Forstmeister Hans von Harling. Der den Hamburger Sammlern noch gut in Erinnerung gebliebene Sammler Blumenthal hat ebenfalls seine Spuren in der Sammlung Thünen hinterlassen. Alle 4 Sammler sollen im Folgenden noch gewürdigt werden.

Leider haben es alte Sammlungen so an sich, dass dort viele Etiketten fehlen und somit oft eine Zuordnung der Objekte nicht oder nur unter erschwerten Bedingungen möglich ist: sie müssen nachbestimmt werden. Hier sind dann also die Fachleute dran.

Es wäre da z.B. eine bunte Mischung Käfer aus Belgisch Kongo im Angebot, Jahre 1921 – 1928. Auch innerhalb der Ordnungen sind noch jede Menge unbestimmter Arten, die der Nachbestimmung bedürfen. Vielleicht finden sich auf diesem Wege Fachleute mit Freude an der Bestimmung?

Wissenschaft schreitet voran, neue Erkenntnisse werden erlangt, da geschieht es, dass einst einer bestimmten Gruppe zugeordnete Wesen aufgrund einer Neubestimmung innerhalb des Ordnungssystem umgesiedelt werden müssen, damit verbunden ist meistens auch eine Namensänderung. Das Alter der Sammlung Thünen enthält alleine deshalb eine große Menge Insekten, die neu bestimmt und zugeordnet werden müssen.

Bei den über 9000 Arten werden sicherlich auch erhebliche Mengen Objekte in der Sammlung enthalten sein, die im Vergleich zu aktuellen Funden höchst aufschlussreich sein können. Auch hier werden Fachleute großes Interesse haben.

---

[78] Tode, Sven, 100 Jahre Hamburger Tropeninstitut / 100 Jahre Bernhard-Nocht-Institut für Tropenmedizin

Etliche Objekte sind fein säuberlich unter lehrreichen Kriterien zu 62 Schaukästen zusammengefasst.

Schließlich wurde in der vorliegenden Sammlung „Thünen" Bestandteile aus 121 anderen Sammlungen aufgefunden. Wobei immer auch Objekte aus noch anderen Sammlungen stammen können, ohne dass dort ein entsprechender Vermerk zu finden ist. Dazu findet sich im Abschluss eine Collage aus Schildern dieser in der Sammlung „Thünen" nachweislich mit mindestens einem Objekt vertretenen Collectionen. Dabei wurde immer dasjenige Objekt fotografisch dokumentiert, an dem die jeweilige Collection erstmalig gefunden wurde.

Zum Schluss habe ich eine Liste mit Sammlungsorten zusammengestellt. Es fehlen eigentlich nur Orte aus Randgebieten wie Grönland, Arktis und Antarktis, Neuseeland sowie dem weiten pazifischen Raum.

... und dann ist da noch die eine Kiste mit
Seesternen, Seeigeln und Seefedern ...

Blumenthal

Name: *Carabus violaceus* L.
Fundort: Stadtforst Uelzen
Funddatum: 13.8.1949

Schon die erste Begegnung ließ die soldatische Prägung erkennen, er war Oberstleutnant und Kommandeur des Wachbataillons in Bonn. Daneben betrieb er sein Hobby, die Käfersammelei. Sein Spezialgebiet waren die Caraben. Er bevorzugte dabei Carabus violceus, cancellatus und problematicus, die mit ihrer Formenfülle und weite Verbreitung immer neue Studien herausforderten. Etliche Neubeschreibungen tragen seinen Namen.

Geboren 1917 in Lüneburg wurde er in der Schule von seinem Bio-Lehrer mit der Leidenschaft zur Käfersammelei infiziert. Bereits als Schüler lieferte er Beiträge über die Käferfauna der Lüneburger Heide. *„1936 trat er in den Forstdienst ein, 1942 wurde er preußischer Revierförster. [..] Er machte den ganzen Zweiten Weltkrieg in Frankreich und Rußland mit, wobei er die höchsten Auszeichnungen erlangte, aber auch oft verwundet wurde. In Ruhe- und Genesungszeiten arbeitete er coleopterologisch und knüpfte Verbindungen mit Museen und Spezialisten an. Nach dem Krieg setzte er in Uelzen seine Tätigkeit als Heimatfaunist fort.“* [79]

Nach dem Krieg machte er fast jährlich größere Sammelreisen ins Ausland, besonders in die Gebirge am Schwarzen und Kaspischen Meer, im türkischen Kurdistan, später dann in den Hindukusch. Dabei kamen ihm seine guten Sprachkenntnisse und die als Soldat gelernte Disziplin und Planungsfähigkeit zugute.

Seine Sammlung der Carabiden der Lüneburger Heide, die er durch Kauf und Tausch ihm fehlender Arten von anderen Sammlern vervollständigt hatte, gab er 1952 dem Zoologischen Museum Hamburg ab. Dennoch stand er weiterhin als Sammler und Fachmann mit der internationalen Käfersammlergemeinschaft in Kontakt.

Er verstarb schließlich schwer erkrankt 1989 in Troisdorf.

Die „Sammlung Thünen“ enthält ca. 560 Einzelobjekte aus seinem Nachlass.

---

[79] Weidner, Herbert, Mitt. Hamburg Zool.Mus,Inst, 73, 1976

Heinrich

Name: *Labrorychus tennicornis,*
Grav.
Fundort: Hahnheide b. Trittau
Funddatum: Juli 1945/ Mai 1946

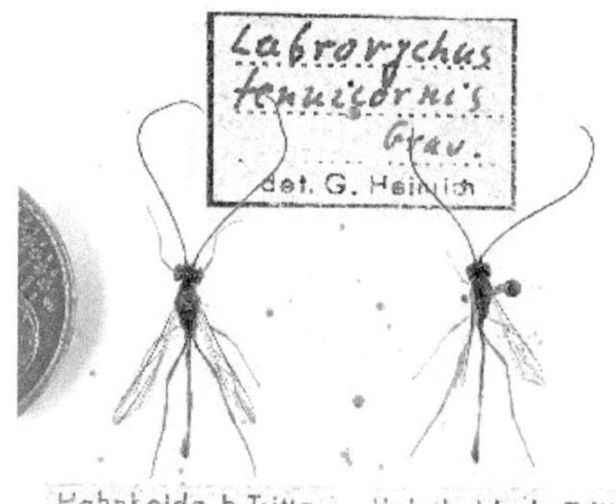

Die „Deutsche Schulzeitung in Polen", herausgegeben vom Landesverband deutscher Lehrer und Lehrerinnen in Polen 1934, schreibt: [80])

„dieser Aufsatz will nun auf einen Forscher hinweisen, der als Deutscher unter uns lebt. Es ist Gerd Heinrich aus Borowki [..]. Er ist Tiergeograph und vor allem als Ornithologe (Vogelkundiger) bei den Fachgelehrten und den Leitern von zoologischen Gärten und Museen in der ganzen Welt bekannt. Ja, unser Gerd Heinrich ist schon, man kann es so sagen, in die „wissenschaftliche Unsterblichkeit" eingegangen: denn eine ganze Reihe von bisher unbekannten Vogelarten tragen für alle Zeiten seinen Namen, weil er sie entdeckt hat.

Jeder Naturforscher hat irgendein kleines Spezialgebiet, das er besonders hegt und pflegt. Gerd Heinrichs „Steckenpferd" ist die – Schlupfwespe („Ichneumonidae"), jene interessante ·Hautflüglerart, die ihre Eier in die Larven und Puppen fremder Insekten ablegt. Es gibt unzählige Abarten der Schlupfwespe, Gerd Heinrich besitzt wohl die heute größte Privatsammlung von diesem seltsamen Insekt und nur noch ein schwedischer Gelehrter kommt ihm in der „Schlupfwespen-Kenntnis" gleich."

Gerd Heinrich kommt nun selbst zu Wort:
„Im Jahre 1927 unternahm ich gleichfalls mit ihr [seiner Frau Anneliese] eine Forschungsreise durch Nordpersien, und 1929 erhielt ich von dem New Yorker Museum of Natural History *den Auftrag zu einer großen zoologischen Forschungsreise nach der Insel Celebes (holländisch Indien) [heute: Sulawesi]. Auf dieser letzten Reise, die von 1930 bis 1932 dauerte, begleitete mich außer meiner Frau noch deren jüngere Schwester, Liselotte Machatscheck, und dem Fleiß dieser beiden unermüdlichen Helferinnen ist die sachgemäße Bearbeitung und Erhaltung einer außerordentlich umfangreichen und wertvollen wissenschaftlichen Ausbeute zu verdanken, die wir heimgebracht haben.*

---

[80] Damaschke, Willi, Deutsche Schulzeitung in Polen 7/1934, S.104

 **145** 

Eigentlich wollte er ja Mediziner werden, wie sein Vater. Aber sein schon recht früh entstandenes naturkundliches Interesse wurde unter Anleitung des Kurators Richard Heymons am Naturkundemuseum Berlin auf die wenig erforschte Familie der Schlupfwespen gelenkt. Geboren 1896 legte er 18-jährig 1914 sein Abitur an einer Berliner Eliteschule als Jahrgangsbester ab. Unzählige Expeditionen führten Ihn in alle Winkel dieser Welt, wobei er sich nicht immer nur mit den Schlupfwespen befasste: So entdeckte er die Trommelralle, Schnarchralle, die Teufelsnachtschwalbe und noch Einiges mehr.

Wie für viele anderen Wissenschaftler waren auch für ihn die Jahre nach dem zweiten Weltkrieg schwierig, zumal er wichtige Forschungsunterlagen, die er im Kriege in Polen versteckt hatte, lange nicht wiedererlangte. So musste auch er kleine Aufträge annehmen. Einer dieser Aufträge erfolgte 1945 vom Holzforschungsinstitut.

Aus Originalunterlagen ist zu entnehmen, dass er eine kleine Zusammenstellung von Exemplaren von Schlupfwespen anfertigen sollte. Angefordert war je Art ein männliches und ein weibliches Tier. Je Exemplar waren 2,50 Mark Bezahlung, insgesamt 1500,- Mark, vereinbart. Vorhanden sind davon noch ca. 370 Stück in der nun als „Bestandteil der „Sammlung Thünen" vorliegenden. Dazu kommen noch weitere 100 Objekte anderer Familien.

1951 wanderte er dann aus in die USA. 1977 veröffentlichte Heinrich seine letzte große Monographie über Ichneumoninae von Florida und angrenzende Gebiete. Sie umfasst die Beschreibungen von 50 Gattungen und 135 Arten, davon 47 wissenschaftliche Erstbeschreibungen. Insgesamt beschrieb Heinrich 1479 Arten und Unterarten.

von Harling

Name: *Ernobius nigrinus*, Strm
Fundort: Minden, Rod.a.W., Frank-
furt.aM.

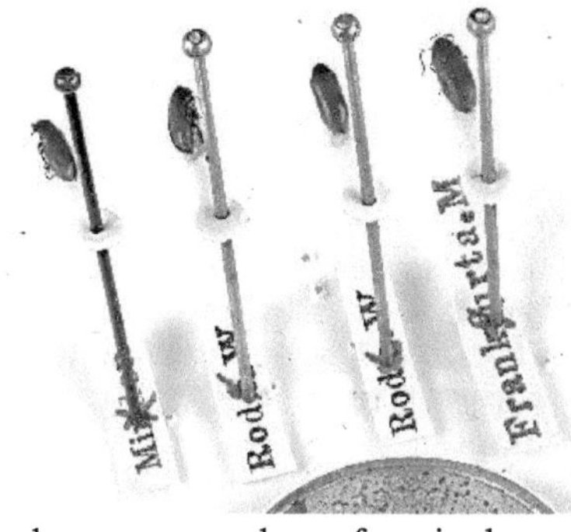

„ Da – hab ich Dich" – so dachte wohl der Siebtklässler Hans, als er den schnellen Käfer fasste und in das stets mitgeführte Gläschen mit Spiritus stopfte. Jedoch hat der Lehrer das gesehen, nahm ihm das Gläschen weg und warf es in hohem Bogen aus dem Fenster: „Welchen Unsinn machst Du da wieder, Hans!" Wie gut, dass unter dem Fenster Beete waren, in der Pause fand Hans sein Gläschen unversehrt samt Inhalt wieder und steckte es schnell in die Hosentasche. Zu Hause wollte er dann den hübschen Käfer präparieren und aufnadeln. [81]

Ich schleiche im Museum herum und warte. Nach mehreren e-mails war der Termin gefunden – die Enkel. Und da kam der erste: dass er Jäger ist, sogar Großwildjäger, wusste ich bereits, aber nun entsprach er auch genau diesem Berufsbild, heimlich schielte ich nach dem obligatorischen Dackel bis ich fröhlich mit kraftvollem Handschlag begrüßt wurde. Kurz darauf kam dann auch der ältere Bruder nebst Gattin und Sohn, der seinerseits extra aus Berlin angereist war. Und das alles wegen ein paar alter Käfermumien. Eigentlich hatte ich nur eine Identifizierung der Käfer gewollt, die ich für die von Harlingschen hielt.

Soviel „Wiedersehens"freude und Fröhlichkeit erlebt man selten in der Sammlung, Entomologen sind stille, ernsthafte Menschen. Und diese Enkel die da standen, hatten ihren Großvater nicht einmal mehr kennengelernt. Als Dank für meine Einladung und zu meiner großen Freude und Überraschung erhielt ich hier in der Sammlung, angesichts der nun klar identifizierten Käfer, feierlich das „Käfer-Register" aus dem Jahr 1893 des Hans von Harling überreicht. Ein unschätzbarer Wert, dort stehen Sammeldaten, die die Käferfunde zeitlich besser einordnen lassen.

Im Jahr 1964 wurde die Sammlung des Forstmannes Hans von Harling durch die Schwiegertochter Christel von Harling an das Holzforschungsinstitut verkauft.

Geboren im Jahr 1866 absolvierte Hans von Harling 1877-1885 das Gymnasium in Celle und trat nach dem Abitur in den

---

81 Familienchronik von Harling

"

Staatsforstverwaltungsdienst. Schon früh begann Hans sich für die Käfer zu interessieren, der väterliche Waldbesitz hatte da viel zu bieten. Die ersten Aufzeichnungen in seinem Sammelbuch beginnen 1882.

Seine Lehre verbrachte er in Nienburg / Weser, ab 1886 studierte er an der Forstakademie Hann- Münden sowie an den Universitäten München und Göttingen und schloss es als Königlicher Forstreferendar ab. In den Jahren als Referendar und Assessor kam er in Deutschland und Österreich umher, ebenso Ostpreussen und Schlesien. Schließlich zum Oberförster ernannt verbrachte er 12 Jahre ab 1902 in Rod an der Weil. 1915 wurde er zum Königlichen Forstmeister in der Oberförsterei Minden berufen. Nach dem Weltkrieg wurde er auf eigene Bitte in den Ruhestand versetzt und konnte sich so dem väterlichen Erbe, der Verwaltung des Rittergutes, widmen.

Die Sammelei begleitete ihn auf allen diesen Wegen, wo immer er beruflich oder privat landete, selbst an seinen Urlaubsorten, er sammelte und brachte es auf eine beachtliche Anzahl von Käfern. Die Inventur erbrachte über 9.300 Stück. Seine Sammlung deckt das Spektrum der Käfer Mitteleuropas von vor 100 – bis 140 Jahren ab, ein unvergleichlicher Fundus zum Abgleich mit heutigen Funden.

Einige Objekte tragen zusätzlich Etiketten mit den Namen Heymes und Wanka. Pierre Heymes (1873-1961) war luxemburgischer Spezialist für mehrere Käferfamilien. Theodor Wanka von Lenzenheim (1871-1932) war Spezialist schlesischer Käfer. Im Notizbüchlein des Hans von Harling taucht ferner der Name Dr. Fuchs (1871-1952) auf. Ein medaillienschwerer Eiskunstläufer. Und ein ausgewiesener Fachmann für „mitteleuropäische Holzwirtschaft der Nachkriegszeit", so der Titel seiner Promotionsarbeit. Wie von Harling mit diesen Herren konkret verbunden war, ließ sich nicht rekonstruieren.

Er diente dem Staat, wie auch seine Brüder, als Oberförster und übernahm erst im Jahr 1921 das väterliche Gut bei Celle, das er bis zu seinem Tode verwaltete und pflegte. Er starb am 30.3.1940 im Kreise seiner Familie. Das kleine Gläschen von damals ward ihm mit ins Grab gegeben, es hatte ihn sein Leben lang begleitet.

Escherich / Eidmann

„Vertrag Adis Abeba 21.II. 09 : Wohle Gorgis aus Adis Abeba vermietet an Herrn Dr. Escherich 11 gute Maultiere zu einer Jagdreise auf 2 – 3 Monate u. erhält dafür 11x12=132(?). Dr. Escherich bestimmt <u>allein</u> wohin auf welchen Wegen marschiert werden muß und haben die Maultiere seinen Befehlen unbedingte Folge zu leisten. Die Marscheinheit ist in minimo 6h u. max. 8h pro Tag festgelegt excl. Packzeit. Geht ein Maultier auf dem Marsche in Folge Anstrengung zugrunde, so zahlt Dr. Escherich hierfür einen....“(die Aufzeichnung endet hier). [82]

Der Forstmann **Georg Escherich** (1870-1941) aus Isen bereiste nicht nur Äthiopien, sondern auch den Balkan, Türkei, Kamerun, Spanisch Guinea, Bolivien. In Polen und Russland war er Leiter der Militärforstverwaltung. Überall war er beratend tätig zu Fragen der Forstentwicklung. Vor dem Weltkrieg 1914 galt er als ausgewiesener Kolonialfachmann. Der bekannte und beliebte Mann veröffentlichte schließlich erfolgreich seine Erinnerungen. [83]

Sein jüngerer Bruder **Karl Escherich** (1871-1951) blieb in Deutschland und machte sich hier einen großen Namen als Entomologe. Er unterrichtete Forstzoologie in Tharandt und wechselte dann an die Universität München. Er war Mitbegründer der „Deutschen Gesellschaft für angewandte Entomologie" mit der gleichnamigen Zeitschrift.

Hermann Eidmann (1897-1949) war Assistent des Karl Escherich in München und Mitherausgeber der Zeitschrift für angewandte Entomologie. Von 1929 bis zu seinem Tod war er Leiter des Zoologischen Instituts der forstlichen Hochschule Hannoversch-Münden sowie an der Universität Göttingen. Als führender deutscher Entomologe verfasste 1941 das erste „Lehrbuch für Entomologie".

Und hier schließt sich der Kreis: Franz Heske muss mit allen drei Männern bestens vertraut gewesen sein, bekanntlich gründete er 1931 in Tharant das „Institut für Ausländische und Koloniale Fortwirtschaft", dem Vorgänger des heutigen Thünen-Institutes für Fortwissenschaft. Wohl deshalb kaufte er im Jahre 1951 die Sammlungen dieser Herren. Leider sind die Sammlungsobjekte nicht identifizierbar. Die Tagebücher und Veröffentlichungen, insbesondere die des Georg Escherich, sind in der Bibliothek des Thünen Institutes einsehbar.

---

[82] Tagebuch des Georg Escherich
[83] Escherich, Georg, Der Alte Forstmann, Berlin 1935, Nachdruck 2021

coll.Bachofen
Coll. Dr. BAGUENA.
Coll. Bates
Ex : Coll. J.M. BEDOC
Coll. Bellier
Col. Bigot
Coll.A.Bonney
Corse ex.Damry incoll. Bonnaire
L.BLEUSE
Coll. E.Borel
Coll.Bruijn
Coll. M. Le Boul.
Ex Joannis Chevrolat
leg.Col.Bousseau.
coll. E.Charpentier
Ex Museo Chaudoir
Coll.E
Col.J.Daniel
Coll.Clermont
COLLECTION CHULLIAT
EX-COLLECTION FAVAREL
coll.J.Evers
Coll.Demarchi
Collection FLEUTIAUX
Collect. Godart.
coll.n Dreyfus
coll.Hajek
ex coll. Fruhstorfer
COLLECTION A.FINOT.
Coll. Gambey
Coll.n P.GUERRY
Coll. Hammer
Ex collect. Jos. Hexmann
Coll.G
Coll. Hénon
coll. Jul. Isaak
Coll.Hauser
A. KRICHELDORFF
Coll.O.Leonhard
Coll.P.Lassus
Coll. K
A.M.Coll.Madon
Coll.Madar
ex.coll. Margot.
Coll.n Paris V.LABOISSIERE
coll. G. MARIN
Col.Marny
Collection A.Magdelaine
Col.Marmottan
«S&O»Coll.Martin
Col. Matcha
Col Mauppin
coll.Mazur
Coll. Meyer Darcis
ex col.Münchmeyer
coll.Mazur
Coll.Meissl.
Coll. A. Nicolas
coll. Nissl
Coll.Nonfried.
Coll. A.Pouillon
Coll.Perris
Collect. Plason
F.Plaumann Coll.
col. Procházka
EX MUSEO N. VAN DE POLL
coll P. Ringler
COLLECTION ROSENBERG
C.Ribbe
Col.E.Rollin
Slg.C.Rudol
Coll. A. Semenov-Tian-Shansky
Ex-Museo D.Sharp 1890
COLL. SCHRAMM
coll Spaeman
Coll. Surcouf
Coll. THERY
Col. Turner
A.l. COLL. VOGEL
COLLECTION WAGNER
coll.Winkler
Coll. X
Ex Xambeu

Händler

1. Buquet – Frankreich
2. Joseph Clermont
3. Damry
4. Jules des Loges Desbrochers
5. Manuel v. Duchon
6. Hans Fruhstorfer
7. Paul Guerry-Duperray
8. Alexander Heyne mit seinem Bruder, Berlin zus. Mit H. Rolle
9. Ernst Heyne, Leipzig (verw. Verhältnisse, auch zum Verleger Wilhelm Heyne unklar)
10. Edward und Oliver Janson, England
11. Henri Jekel
12. Karl Kelescényi, Ungarn
13. **Eugéne le Moult, Paris**
14. Gebrüder Merkl, Ungarn
15. Robert Meusel
16. W. Meyer Hamburg
17. Carlo Minozzi (unklar)
18. Heinrich Möschler, Deutschland
19. Gustav Paganetti-Hummler, Österreich
20. Paul Ringler, Halle
21. W. Rolle Berlin SW 11/Rolle, Hermann,1864-1929, später Institut „Kosmos"
22. Friedrich Schneider, Solingen
23. George Schramm
24. Deyrolle Paris mit Donkier (noch aktiv: deyrolle.com)
25. Hernri Turnier, Schweiz
26. Henri Bureau, Paris
27. Henri Rouyer, Insekten aus Neuguinea
28. Carl Ribbe sammelte für Staudinger
29. Dr. O.Staudinger & Bang-Haas Dresden-Blasewitz
30. Hugo Raffesberg, Ungarn
31. Fritz Rühl
32. Wallner (Genf)
33. Emil Funke, Dresden
34. Böttcher, A. Berlin
35. Wilhelm Möllenkamp, Dortmund
36. Kricheldorff, A.

Länder – Stätten – Gegenden

Abyssinien (Äthio-pien)
Admiralitätsin-seln
Aegypten
Akbez (Trapistenkloster)
Alaska
Alexanderstadt
Algerien
Altai-Geb.
Andamanen
Andorra
Annam (tlw.Vietnam)
Argentinien
Armenien
Aru-Insel
Athos
Australien
Azoren
Batjam
B.E.A.(Belg.Ost-Afr.)
Belgien
Belgisch Kongo
Beresina (Fluss)
Birma (Burma, Myan-mar)
Böhmen (Ungarn)
Bosnien
Boston
Bougainville
Brasilien
Britisch Colum-bien
Buchara
Buschmanns-land
California
Cardenas
Carniole (Kärnten)
Celebes (Sulawesi)
Ceylon (SriLanka)
Cherson
Chili (= Chile)

Chicago
China
Colonia Hansa
Columbien
Conchinchine (Südvietnam)
Constantinopel
Coromandel
Costa Rica
Cote d´or
Dahomey
Dalmatien
Deutschland
Deutsch Ost-Af-rika D.O.A.
D.S.W.A.
Diego Suarez
Djibuti
Durban (SüdAfr.)
Elburs-Geb.
Elfenbeinküste
Elisabethpol
England
Erythree
Fort Sibut
Frankreich
Finnland
Formosa
Gabun
Gede (Vulkan)
Goldküste
Griechenland
Grisons (Graubünden)
Guadeloupe
Guantanamo
Guinere Portug.
Guyana Fran-caise
Herbertshöhe (DNGnea)
Herkulesbad
Herzegovina
Hollandia

Hyrzania
Italien
Iran
Indien
Java
Jerusalem
Kai-Inseln
Kambotscha
Kamerun
Kamtschatka
Kaukasus
Kapland
Kenia
Key Island (Indone-sien)
Kleinasien
Kolumbien
Krain (Kärnten)
Krebsfeld
Krim
Kroatien
Kuba
Laos
Lappmark
Libanon
Loja (Ecuador)
Macedonia
Madagaskar
Mähren
Maharidja
Mandchourei (China)
Mauritanie
Marokko
Mindanao (Phillip.)
Moldavien
Molukken (Indones)
Mongolie
Mosambik
Moschi
Mujunkum
Muzo (Kolumbien)
Natal / Durban

Nazareth
Negapatam
Nelle Hollande
Neu Guinea
Neue Hebriden
Neukaledonien
New York
Norwegen
Nova Teutonia
Nyassasee
Österreich
Omo-Fluss
Orange Colon.
Oubangi-chari
(Zentr.Kongo)
Panama
Pennsylvania
Peru
Persien (Iran)
Podolien
Porto-Novo (Benin)
Portugal
Portugiesisch
Ost-Afrika
Preussen (Deutsch-
land / Polen)
Republik Kongo
Rivier Claire (Song
Lo)
Rositten
Rhody (= Rhode Island)

Rumänien
Russland
Salomonen
Sangihe Ins. (Indo-
nesien)
Sansibar
Sarepta
Sattelberg
Schweden
Schweiz
Senegal
Seishin
Siebenbürgen
Sierra-Leone
Sikkim
Silesia
Slovenien
Somalia
South Wales
Spanien
St. Louis
Stephansort
(D.N.G.)
Sudan
Sudeten
Sultan-Dagh (Ge-
birge)
Sumatra (Indonesien)
Sunda-Inseln
Surinam
Sutschanski-

Rudnik (Ussuri)
Syrien
Taiti (Tahiti)
Tasmanien
Tervueren
Thibet (Tibet)
Timor
Travancore
Tobago
Togo
Tonkin
Transvaal
Trapezunt (Türk)
Tschechien
Türkei
Tunesien
Turkestan
Turkania
Uganda Protekto-
rat
Ungarn
USA
Usambara
(Nguelo)
Verona
Victoria Australia
Vietnam
Walachei (Rumänien)

Am Ende noch ein Zitat, das dem Naturforscher Alexander von Humboldt (1769-1859) zugeschrieben wird:

«Die gefährlichste Weltanschauung ist die Weltanschauung derer, die die Welt nie angeschaut haben»

Jedoch:
Eine Urheberschaft Alexander von Humboldts ist nicht nachzuweisen" [84]. Humboldt-Forscher Ingo Schwarz gibt zu bedenken: *„Natürlich ist es kaum möglich, mit letzter Sicherheit zu sagen, dass Humboldt etwas nicht gesagt hat."* Es gelte deshalb die *„Faustregel: Was nicht genau nachgewiesen wird, muss mit Vorsicht genossen werden, auch wenn es in Politiker-Reden zitiert wird, weil es so gut passt".*

Dennoch schadet es Niemandem, sich die Welt anzuschauen und auch „hinter" die Etiketten zu sehen.

Dies soll allerdings keinesfalls dem Massentourismus Vorschub leisten. Es gibt inzwischen ganze Bibliotheken bilderreicher und wortgewaltiger Medien, wie Sachbücher, Reiseberichte, Anthologien, filmische Dokumentationen die eine Sofa-Reise abenteuerlich genug erscheinen lässt. Wichtig ist die Hinterfragung von Etiketten jeder Art und Form, die Rückschau weiter als nur bis zur Generation unserer Großeltern, ohne die Begeisterung zu verlieren, sich die Welt „anzuschauen" um sich von der Sklaverei der Vorurteile zu befreien.

---

[84] dpa-Faktencheck zum Zitat des A.v.Humboldt, 23.10.2019 – 13:58

Lesestoff

„Schlag nach bei Shakespeare" – sangen 1958 Wolfgang Neuss und Wolfgang Müller – *„denn da steht was drin"*. Es beginnt mit einem Buch – und endet gar nicht mehr. Ist der Geist erst einmal auf ein Ziel ausgerichtet, häufen sich automatisch die Funde – man wird selbst zum Sammler. Mit anderen Worten, das Umfeld besteht plötzlich aus genau der Literatur, die man glaubt, so dringend zu benötigen um sein Ziel zu erreichen. Nachbarn, Freunde, Kollegen geben Tipps und Hinweise oder schleppen direkt Unmengen an Material heran, sooft kann gar nicht Weihnachten sein.

Und dann gibt es die GröSumaZ! Die **Grö**sste **Su**ch**m**aschine **a**ller **Z**eiten. Was haben wir uns früher mit dicken Büchern in staubigen Bibliotheken geplagt, an Wissen zu gelangen. Derjenige, der heute Informationen sucht hat es im wahrsten Sinne des Wortes leichter, moderne Technik bietet uns die Möglichkeit, mühelos und jederzeit an jedem Ort an Informationen und Quellen heran zu kommen. Was liegt also näher, im Rahmen eines Freu-Buches das „www" zu durchstöbern.

Die hier versammelten Informationen sind als Rohstoff zunächst meist aus der „GröSumaZ gewonnen. Selbstverständlich gilt hier wie bei jeder Quelle, die gewonnene Information muss immer wieder mit anderen Quellen, am besten an Originalen, verglichen, abgestimmt und gegen geprüft werden – wir ziehen ja auch sonst gerne eine zweite Meinung zu Rate. Aber um einen Anfang zu bekommen ist dieser Weg für legitim zu halten. Seien wir ehrlich – jeder tut das!

Die Fülle der Quellen ist enorm. Es findet sich eine Unmenge von gescannten und veröffentlichen Werken, oftmals von Universitätsbibliotheken. Erleichternd war bei diesem Weg die Tatsache, dass sich die Informationssuche zur Thünen-Sammlung in einem Zeitrahmen bewegte, der nicht mehr den Veröffentlichungsbeschränkungen moderner Zeiten unterliegt, je jünger eine gefundene Quelle ist, desto eher wird auf Urheberregelungen verwiesen und sind diese zu berücksichtigen.

Die folgende Liste ist als Ergänzung zu den bereits im Text angegeben Quellen zu verstehen. Es handelt sich dabei um Bücher und Quellen quer durch alle Bereiche, vom Fachbuch bis zur Belletristik. Aus allen Sorten habe ich nicht nur Wissen, sondern Fragen, Sichtweisen und vor allem Begeisterung gesogen.

Audouin-Dubreul, Ariane, Expedition Seidenstraße, National Geografik 2008
Asserate, Asfa-Wossen, Wer hat Angst vorm schwarzen Mann, München 2021
Basch-Ritter, Renate, Die Weltumsegelung der Novara 1857-1859, Graz 2008
Battran, Martin: Der Hals der Giraffe oder: Jean-Baptiste de Lamarck (1744-1829), seine Transformationstheorie sowie die Bedeutung und Wirkungsgeschichte des Lamarckismus in Deutschland, Dissertation an der Uni Jena, 2016, (1292 Seiten)
Bavendamm, Dirk, Franz Heske und die Gründung des Reichsinstitutes für ausländische und koloniale Forstwirtschaft in Schloss Reinbek, 1931 bis 1940/42, TU Dresden 2014
Benz, Georg/Zuber, Markus, Die wichtigsten Forstinsekten der Schweiz, Zürich 1993
Bodenheimer, F.S., Junk, W., Materialien zur Geschichte der Entomologie bis Linné, Bd. I und II von Berlin: 1928 und 1929
Bodensiepen, Aufzeichnungen eines Käfersammlers, 2020
Brennecke, Detlev, Sven Hedin, Hamburg 1986
Bryson, Bill, eine kurze Geschichte von fast allem, München 2003
Calwer, Dr. C.G. Käferbuch, Stuttgart 1858
Cremer, Wilhelm, Mosse, Rodolf (Hrsg), Die Entschleierung des Südpols, Berlin SW64, Gutenberg Projekt
Deutsche Entomologische Zeitschrift - Reihe
Deutscher Museumsbund e.V., Leitfaden zum Umgang mit Sammlungsgut aus kolonialen Kontexten, Berlin 2021
Deutsches Entomologisches Institut, Geschichte des Deutschen Entomologischen Instituts, die-digital.de
Dtv-Atlas zur Biologie, 3 Bände 1984, 8. Auflage 1996
Dtv-Atlas zur Geschichte, 2 Bände, 1964, 24. Auflage 1990
Entomologische Zeitung, entomologischer Verein zu Stettin, Reihe
Epstein, Marc, Motten, Mythen und Mücken, das exzentrische Leben von Harrison Dyar jr., Oxford 2016, englisch
Fabre, Jean Henry, Das offenbare Geheimnis, Frauenfeld 1977
Fallmerayer, Philipp, Geschichte des Kaisertums von Trapezunt, 1827
Frahm, Eckart, Geschichte des alten Mesopotamien, Reclam 19108, Sttgt. 2013
Frey, Dieter, Sammeln und Horten, das Sammeln aus psychologischer Perspektive, aus Forschung & Lehre 4 / 2004 der Univ. München
Ganglbauer, Ludwig, Die Käfer von Mitteleuropa, Wien 1904
Gottschalk, Gesa, Mission Museum: ein neues Naturkundemuseum für Hamburg, GEO 9/2016
Habeck, Reinhard, Atlantis - der verschollene Kontinent, Wien 2011
Haub, Rita, Sonne, Mond und Sterne, Kevelaer 2008
Hedin, Sven, Wildes heiliges Tibet, Reclam 7334, Stuttgart 1952 / 2001
Hoh, S. Johann Heinrich von Thünen (1783-1850) und seine außenwirtschaftlichen Untersuchungen Wiesbaden 1998
Jahn, Ilse, Hrsg. Geschichte der Biologie, 3. Auflage, 2004
Jünger, Ernst, Subtile Jagden, Stuttgart 2015

Junker, Thomas, Sammeln & Horten - eine menschliche Eigenart? Aus Forschung & Lehre Universität Tübingen, April 2012

Kästner, Erhart, Die Stundentrommel vom heiligen Berg Athos, Fft/M 1956

Kehlmann, Daniel, die Vermessung der Welt, Reinbek 2005

Keller, Niklas, Wie Sammlungen helfen, Entwicklungen von Tierarten zu rekonstruieren, in: Untersuchung zur Biodiversität in Nord- und Ostsee, 21. April 2021

Keppler, Utta, Die Falterfrau, Biographischer Roman über Maria Sibylla Merian, München 1999/2001

Klüver, Reymer, Verkauf von Alaska: Russlands dümmster Deal SZ, 30. März 2017, 10:07 Uhr

Kolbe, Käfer Deutsch Ostafrika, Berlin 1897

Lipps, Susanne, Azoren, Dumont Reiseführer, Ostfildern 2019

Lörchner, Jasmin, als die USA Alaska von Russland kauften, Spiegel.de Geschichte, 30.3.2017

Malte, Jost, Schneckenforscher und Visionär-: Matthias Glaubrecht ist seit 2014 Direktor des Centrums für Naturkunde (Cenak), GEO 9/2016

Marco Polo Reiseführer, Donaukreuzfahrt, Ostfildern 2009

Margis, Claudio, Donau, München 1988/2018

Marwinski, Felicitas, aus der Arbeit der Bibliothek des ehemaligen Deutschen Entomologischen Instituts. Nachlässe und Konvolute Beitr. Entom. Berlin 1974

Myrdal, Jan, Die Seidenstraße, Stockholm 1977, dt. Übers. Wiesbaden 1981

O´Malley, John, eine kurze Geschichte der Jesuiten, Würzburg 2015

Prien, Gerhard, 80 Jahre „Crosière Jaune" – die Gelbe Kreuzfahrt, Magazin Auto.de, 2.8.2011

Rose, Kurt, der Sohn des Admirals, William Penn, Giessen 1992

Schacht, Wolfgang, Die Entwicklung deutschsprachiger koleopterologischer Buchwerke im 19 Jhdt., entomologische Blätter und Coleoptera, Wissenschaftlicher Verlag Peks

Schaufuß, Schenkling, Rundschau, Marktbericht Deutsches Entomologische Nationalbibliothek, Nr. 17, Berlin 1911

Schwab, Gustav, Sagen des klassischen Altertums, Köln 2011

Seewald, Berthold, Beresina -1812-Unterm-Eis-sah-man-Leichen-ueber-die-ganze-Breite-der-Wasserflaeche, www.welt.de/Geschichte/Kopf des Tages/ aricle242339183.html, o. Datum, aufgefunden 20.11.2023

Springfeld, Uwe, Ulugh Bek - gescheiterter Aufklärer des Islam? 13.1.2023, (8:30 uhr SWR 2 Wissen, Textmanuskript

Toepfer, Georg Bibliografie zur Philosophie und Geschichte der Biologie, zusammengestellt von, Stand: April 2016

Verein deutsche Sprache e.V., Infobrief vom 26.September 2021: Dekolonisierte Vogelnamen

Wohlandt, Holger, Stockholm, eine Stadt in Biografien, Merian 2013

Ziegler, Pohl, Evenhuis, die Reise des Entomologen Hermann Loew nach Kleinasien in den Jahren 1841-1842, in: Beiträge zur Entomologie, Senckenberg Gesellschaft zur Naturforschung 2020

Danke

all Jenen die mir bei der Entstehung dieses kleinen Büchleins geholfen haben:

den Mitarbeitern der Käferabteilung des Zoologischen Museums für ihre unermüdliche Hilfestellung bei allerlei alltäglichen Tätigkeiten: für die Unterweisung in Techniken zur Reparatur, Schilder schreiben, und fürs Schleppen und Verräumen der Insektenboxen. Thure Dalsgaard danke ich für die wunderbaren Fotos.

Den ständig anwesenden Studierenden für ihre Geduld, meine Jubelschreie und Frusttränen zu ertragen und für ihre Bereitwilligkeit zu vielen aufschlussreichen Gesprächen.

Stephan Gürlich stellvertretend für den „Naturwissenschaftlicher Verein zur Heimatforschung Hamburg e.V." für die Vermittlung von Kenntnissen des Käfersammelns, den ein oder anderen Hinweis sowie die Möglichkeit zur Diskussion mit den überaus aktiven Mitgliedern.

Dem Kurator der Käfersammlung Dr. habil Martin Husemann für das Vertrauen in meine Fähigkeiten und seine Anregung, meine Begeisterung für die Schilder zu einer populärwissenschaftlichen Arbeit zu formen. Seiner Nachfolgerin Dr. Dagmara Zyla als geduldige Ratgeberin.

Prof Dr. Matthias Glaubrecht für den Hinweis auf die Möglichkeit im Museum ehrenamtlich arbeiten zu können sowie Tipps und Ratschläge zur Verlagssuche und Autorenschaft.

Frau Rita von Wangenheim für ihre schriftstellerische Beratung und ihren kritischen, fachfremden Außenblick auf diese Materie.

Nicht zuletzt dem „Thünen-Institut für Holzforschung" für die Erlaubnis, meine Beobachtungen an ihrem Eigentum in die Öffentlichkeit zu tragen.

Allen zusammen: Danke fürs Zuhören, Reden, für Ideen und Hinweise.

Autorin
Jahrgang 1955
studierte Biologie und Geographie
mit dem Abschluss
für das Lehramt an Gymnasien
der Lehrer-Einstellungsstopp 1983
führte sie in die chemische Industrie,
seit 2001 selbständige Unternehmensberaterin
einige Semester Kulturwissenschaften Fernuni Hagen
arbeitet ehrenamtlich am
Museum der Natur Hamburg – Zoologie

Wer Schmetterlinge lachen hört,

der weiß, wie Wolken schmecken
der wird im Mondschein, ungestört
von Furcht die Nacht entdecken.

Der wird zur Pflanze, wenn er will,
zum Tier, zum Narr, zum Weisen,
und kann in einer Stunde
durchs ganze Weltall reisen.

Er weiß, dass er nichts weiß,
wie alle andern auch nichts wissen,
nur weiß er, was die anderen
und er noch lernen müssen.

Wer in sich fremde Ufer spürt,
und Mut hat sich zu recken,
der wird allmählich ungestört
von Furcht sich selbst entdecken.

Abwärts zu den Gipfeln
seiner selbst blickt er hinauf,
den Kampf mit seiner Unterwelt
nimmt er gelassen auf.

Wer Schmetterlinge lachen hört,
der weiß, wie Wolken schmecken,
der wird im Mondschein, ungestört
Von Furcht die Nacht entdecken.

Wer mit sich selbst in Frieden lebt,
der wird genauso sterben
und ist selbst dann lebendiger
als alle seine Erben.

Carlo Karges, 1973
Gründungsmitglied der deutschen Rockband „Novalis"